L'AGRICULTURE

ET LA

PROPRIÉTÉ FONCIÈRE

Paris. — Imprimerie de Cosse et J. Dumaine, rue Christine, 2

L'AGRICULTURE

ET LA

PROPRIÉTÉ FONCIÈRE

EN FACE DES LOIS FISCALES,

DES LOIS DE PROCÉDURE ET DE LA VÉNALITÉ

DES OFFICES

PAR

M. VRAYE

Notaire à Compiègne, Membre fondateur de la *Société des Agriculteurs de France*.

PARIS

IMPRIMERIE ET LIBRAIRIE GÉNÉRALE DE JURISPRUDENCE

COSSE, MARCHAL ET Cᵉ, IMPRIMEURS-ÉDITEURS

LIBRAIRES DE LA COUR DE CASSATION

Place Dauphine, 27.

1870

PRÉFACE.

Une enquête solennelle a été faite sur les causes de la crise que traverse en ce moment l'agriculture ; ces causes ont été sondées, étudiées, débattues et avec elles les moyens d'améliorations désirables, possibles, utiles. Les derniers procès-verbaux de ces grandes assises agricoles seront bientôt sous les yeux du pays. En attendant, c'est le devoir de ceux qui s'intéressent à l'agriculture d'ajouter aux travaux de l'enquête, s'il est possible, en recherchant, soit dans les conditions inhérentes à l'amélioration du sol, à l'accroissement des produits, à la modération du prix de revient, soit dans la législation économique, fiscale et civile, les moyens propres à ramener la situation normale où le cultivateur trouvait autrefois une prospérité modeste, fondée sur le travail et sur l'épargne lentement accumulée.

Ce devoir des amis sincères de l'agriculture,
j'ose, parmi les plus humbles, essayer de le
remplir simplement, au point de vue des conditions d'une production plus abondante et
plus économique ; des réformes en rapport
avec les charges de la propriété foncière, avec
sa transmission, avec son crédit, et dans l'ordre d'idées qu'en cette matière la solution
utile n'est proche, qu'à la condition d'être
cherchée de bonne foi dans les faits et dans les
exemples.

La tâche est complexe, difficile, mais elle
offre d'un autre côté, par l'importance des
questions qu'elle soulève, un attrait qui ne
laisse guère la liberté d'en mesurer le péril :
ce sera l'excuse de ma témérité auprès de l'in-
dulgence du lecteur. Si peu que compte l'indi-
vidualité isolée, il est dans sa nature d'aspirer
au *progrès*, et d'en accroître le patrimoine qui
est aussi celui de l'humanité. En essayant
d'ajouter un sillon utile à l'étude de questions
économiques embrassant l'agriculture et la
propriété foncière, l'une et l'autre étroitement
liées dans la bonne comme dans la mauvaise

fortune aux fonctions publiques que j'exerce.

je n'ai pas la prétention d'acquitter pour ma part la dette du progrès que chacun de nous doit à la société humaine : ma seule ambition est d'apporter à la *Société des agriculteurs de France* le concours d'une longue expérience pratique, pour l'étude des droits fiscaux et des frais de justice imposés à la propriété foncière, et de m'associer à ses travaux en faveur de cette grande industrie du sol qui, prospère ou affaiblie, est le signe du progrès ou de la décadence des nations.

L'AGRICULTURE

ET LA PROPRIÉTÉ FONCIÈRE.

CHAPITRE Ier.

LE SOL ET L'AGRICULTURE.

I

Parmi les choses qui sont à la disposition de l'homme et qui forment le patrimoine des familles, ou plus exactement la richesse générale des nations, la TERRE occupe le premier rang. Cette supériorité, consacrée par la jurisprudence des siècles, par l'histoire des peuples et par les déductions de la théorie logique, se reproduit sous toutes les formes. La terre est la nourrice du genre humain. C'est par elle qu'ont été nourries et soutenues les générations passées, et c'est par elle encore que seront nourries et développées les générations futures. Tous les produits, qu'ils soient naturels ou transformés et perfectionnés par la main-d'œuvre; qu'ils servent à l'alimentation de l'homme, à la nourriture des animaux ou soient employés dans les arts et l'industrice, tous les produits, disons-nous, ont pour origine la terre, ont été fécondés par elle ou extraits de son sein ; mais de même qu'ils se renouvellent sans cesse, ils disparaissent par la consommation générale ou sous l'action plus ou moins lente du temps, tandis que la terre — et c'est là sa vraie supériorité — ne disparaît pas, on ne l'emporte pas ; mère généreuse et bien digne de ce nom, elle rend avec abondance à ceux qui la fécondent par le travail et la cultivent avec intelligence le prix de leurs soins et de leurs sacrifices.

C'est une vérité, dont la démonstration serait superflue, que les peuples les mieux pourvus, les plus prospères, les plus heureux, sont ceux qui aiment à prendre racine sur le sol, ceux qui préfèrent, encouragent, honorent le travail des champs, et dont le labeur de chaque jour a pour objet la fécondation de la terre et l'abondance de plus en plus élargie de ses produits.

Sans chercher ailleurs des exemples qui s'offriraient en foule, voyons particulièrement notre pays, dont la population, pour les deux tiers environ, est attachée à la culture du sol. Il y a un demi-siècle à peine, la France, foulée par l'invasion étrangère, mutilée dans ses frontières naturelles, ruinée par d'énormes contributions de guerre et par une affreuse disette, s'était subitement relevée, n'ayant jamais oublié, même durant la tourmente, que les immenses ressources de son sol, fécondées et utilisées par le travail de ses agriculteurs, sont le gage le plus certain de sa richesse, de sa sécurité, de son indépendance. En moins de deux années, elle avait surmonté des épreuves et des calamités qui pour d'autres auraient été le signal du déclin ; elle avait retrouvé sous la bêche et la charrue, sous l'énergie du travail agricole, une prospérité relative, sinon déjà la richesse, et une épargne puissante dont elle donnait la preuve, quand à l'appel de son Gouvernement pour un emprunt public de 292 millions (loi du 6 mai 1818) elle offrait 169 millions de rente au capital de plus de deux milliards (1).

Dans l'ordre économique, la terre est donc l'instrument de production par excellence, l'élément principal de la prospérité des nations et la base permanente d'un édifice dont la richesse est le couronnement.

II

Mais pour que sa production reçoive tous les perfectionnements utiles, pour qu'elle soit par la qua-

---

(1) C'est le premier emprunt réalisé en France par voie de souscription nationale. Voy. pour ses curieux détails, *Histoire des deux Restaurations*, par M. Vaulabelle, t. 4, p. 374.

lité comme par l'abondance au niveau des besoins généraux et divers, la terre exige constamment le concours des bras et de l'intelligence de l'homme. Il lui faut l'Agriculture, c'est-à-dire l'art de la cultiver; il lui faut la main-d'œuvre, les bâtiments convenablement agencés, les instruments et l'outillage, les animaux de trait et de consommation, les semences, les engrais, en un mot les moyens propres à la mettre en activité, en bon rapport.

Et pour cela il faut à l'agriculteur un capital suffisant, fourni par son patrimoine ou obtenu par le crédit.

Telle est, au surplus, la condition de toute industrie profitable, de tout commerce prospère, et l'agriculture est la première branche de l'industrie humaine.

C'est à l'importance plus ou moins développée du capital de fondation et de roulement, à son emploi plus ou moins raisonné et éclairé, que se mesurent le rendement du sol et le profit du cultivateur.

Sous l'impulsion d'un capital suffisant et convenablement réparti, les limites de la production agricole s'élargissent, les riches moissons se succèdent, et le prix de revient s'atténue par l'augmentation et la qualité supérieure des produits.

Avec un capital insuffisant, au contraire, l'outillage agricole est incomplet : peu d'animaux de trait, rares animaux de boucherie, fumiers plus rares encore, main-d'œuvre restreinte, en résultat, maigres récoltes, mal vendues et souvent engagées à l'avance.

Il y a certainement des nuances entre ces deux extrêmes, mais elles ne peuvent ici que confirmer une règle constante et absolue. Et de même que l'axiome selon lequel « il n'est pas de mauvaises terres pour un bon cultivateur » est vrai, quand au savoir agronomique le cultivateur peut allier les capitaux, il est non moins vrai que les meilleures terres demeurent à peu près improductives entre les mains de celui qui est dépourvu des ressources indispensables à leur culture et à leur mise en valeur.

La France a-t-elle engagé dans ses exploitations agricoles les capitaux nécessaires pour obtenir une production au niveau de la science agronomique? S'est-elle laissé devancer sous ce rapport par des nations voisines, produisant plus, mieux et à meilleur marché, grâce à des méthodes et à un outillage perfectionnés, dont l'absence de crédit, plus encore que l'esprit de routine, aurait jusqu'ici restreint l'emploi pour l'agriculteur français? La réponse à cette question trouvera plus loin sa place. Constatons seulement, en passant, que le retour récent de notre législation sur les céréales aux véritables principes, altérés par les lois économiques de la Restauration, est en rapport avec le sentiment national, selon lequel le rôle de la France est d'être toujours en avance sur les progrès agricoles qui s'accomplissent au delà de ses frontières.

En résumé, toute nation qui veut être prospère ne doit jamais perdre de vue que la propriété territoriale est le pivot fondamental de la fortune publique et de l'aisance privée, et l'agriculture la branche principale de toutes les industries. Sans une agriculture solidement appuyée sur les mœurs, encouragée et florissante, l'aisance d'un pays ne sera jamais qu'une chimère. Heureuse dès lors la nation dont le gouvernement, comprenant cette vérité, attache à la transmission et au crédit de la propriété foncière, à l'enseignement, à la pratique et au crédit de l'agriculture, enfin aux réformes économiques et législatives sollicitées par l'une et par l'autre, une importance égale à celle qui leur est assignée dans les destinées générales du pays.

CHAPITRE II.

BÉNÉFICES MOYENS DE L'AGRICULTURE.

I

Si, en une contrée quelconque de la France, on se rend compte des bénéfices agricoles réalisés, on reconnaît bientôt qu'il serait chimérique de chercher dans l'agriculture les éléments d'une fortune rapide. Les bénéfices du cultivateur se sont presque toujours réduits, en moyenne, à une épargne modeste, égale à peine à l'intérêt du capital employé dans l'exploitation. Les résultats qu'on peut aisément suivre dans les familles agricoles, du début de ce siècle à nos jours, justifient cette opinion d'une façon en quelque sorte palpable. Tel qui a déboursé au service d'une exploitation agricole un capital quelconque, l'a doublé en un bail de quinze ans et triplé dans une nouvelle période égale. Et si l'on ajoute à cette épargne le bénéfice retiré de son emploi en acquisitions d'immeubles ruraux dont la valeur s'est successivement accrue, on a sous les yeux le décompte d'une fortune agricole honnêtement édifiée par le travail et la preuve de la modicité de ses éléments.

Quelques chiffres posés comme exemple démontreront plus clairement ce résultat :

Capital au début de l'exploitation.	40,000 fr.
Épargne, formée de l'intérêt composé de ce capital durant un premier bail de quinze années (1).	40,000
	80,000
Autre épargne, formée de l'intérêt composé tant de la première épargne que du capital primitif, durant un nouveau bail.	80,000
Plus-value approximative, provenant de l'augmentation du prix des immeubles ruraux à l'achat desquels l'épargne a été successivement employée, selon l'habitude constante en agriculture.	20,000
Total, après trente années, capital primitif y compris.	180,000

Il est superflu de faire remarquer qu'il s'agit ici de la culture proprement dite, non de la culture qui confond avec ses produits ceux d'un établissement

---

(1) L'intérêt composé d'un capital, au taux de 5 p. %, produit un capital égal en 14 années, 2 mois et 14 jours.

industriel, tel que sucrerie, distillerie, féculerie, etc.
Il y a dans celle-ci deux éléments de bénéfices,
l'un agricole, l'autre commercial, qui, au point de
vue traité dans ce livre, doivent demeurer distincts.

L'agriculture, cette « première mamelle de l'É-
tat » comme l'appelle Sully, ne pourvoit donc pas
seulement aux besoins journaliers des familles agricoles, elle leur assure en outre l'aisance par l'épargne. Et quelle épargne plus respectable et plus pure
que celle dont la source est dans la production nécessaire, indispensable à l'alimentation générale,
dans cette agriculture, en un mot, dont un auteur,
qui aime la campagne avec passion et la fait aimer
avec lui, a dit « que c'est le premier des arts, le
plus gai, le plus bienfaisant, celui qui, exerçant le
corps, exige le plus d'expérience et de science, celui
de tous qui peut le mieux agrandir et pacifier l'esprit (1)! »

II

Tels sont les bénéfices de l'agriculture conduite
avec sagesse, économie, prévoyance. Si l'on com-
pulse dans ses détails, aussi minutieusement que

____

(1) *La Campagne*, par M. Eug. Noël, p. 181.

possible, l'inventaire de tout ancien cultivateur, on reconnaît que les bénéfices admis en moyenne pour un chiffre égal à l'intérêt du capital engagé sont plutôt exagérés qu'inférieurs à la réalité. L'agriculteur qui les a réalisés autrefois, bon an mal an, s'est trouvé satisfait, et nul doute qu'il accueillerait aujourd'hui un semblable résultat comme une rémunération suffisante de son travail et de son capital.

Et ce serait avec raison, car ces bénéfices, si restreints qu'ils paraissent au premier aspect, ne se trouvent qu'à l'état d'exception dans les offices publics et les diverses carrières libérales. Il n'est guère d'industrie qui les produise aussi généralement que l'agriculture, sans en excepter la grande industrie manufacturière et commerciale, car dans la distribution capricieuse de ses faveurs, moins qu'en agriculture les appelés sont élus, et plus ne sont exempts ni de soucis, ni de déceptions, ni même de ruine.

III

On a déjà compris que, par leur nature, les bénéfices moyens dont il vient d'être question ne s'appliquent qu'à la grande et à la moyenne culture, celles dont le travail s'accomplit par la main-d'œuvre d'autrui. Quant à la petite culture, celle qui n'a

pas de capital, ses bénéfices sont dans la main-
d'œuvre qu'elle accomplit elle-même et dans ses
miracles d'économie. Faute d'apprécier ces éléments
et d'en tenir compte, la plupart des publicistes se
sont égarés dans leurs dissertations sur la position
du campagnard achetant des terres sans argent pour
les payer. Leur erreur a été d'assimiler ce modeste
acquéreur, cultivant de ses propres mains, au propriétaire achetant, sans autre ressource que l'emprunt pour en payer le prix, des terres qu'il fait
ensuite cultiver à bail. Pour celui-ci, une telle
opération, rapportant 3 p. 100 de fermage contre
5 p. 100 d'intérêts, aboutit fatalement à la ruine,
si elle est importante et répétée ; mais il en est
autrement pour l'autre, malgré les amplifications
du thème rebattu « des campagnes dévorées par
l'usure. » Cultivant par lui-même et par sa famille la parcelle ajoutée à son patrimoine, il en
tire le triple, au moins, de l'intérêt qu'il doit servir. Ainsi se réalise pour lui, chaque année, ce
bénéfice net qui lui sert à se libérer du capital.
Toute parcelle de terre mise en vente a toujours été
enchérie, payée et conservée par l'habitant des campagnes aux mains duquel une partie considérable
du sol cultivé se trouve aujourd'hui et s'agrandit
chaque jour, en dépit d'oiseuses théories sur l'u-
sure. Quand il s'agit de son intérêt, laissez faire

l'habitant des campagnes ; il en est le meilleur juge.
S'il ne peut payer comptant qu'un lambeau du prix
de la parcelle de terre qu'il achète, le travail, l'économie, la sobriété feront le reste. Ceci est l'histoire
d'hier, ce sera celle de demain et de tous les temps,
car c'est l'histoire de la petite propriété.

CHAPITRE III.

I

On vient de voir à quoi se réduisent les bénéfices moyens de l'agriculture.

Lorsque dans une exploitation quelconque la balance de la dépense sur le produit ne laisse qu'une marge aussi étroite, l'équilibre est bien près d'être rompu, et la moindre aggravation de frais généraux remplace aussitôt le bénéfice par une perte pl usou moins sensible : c'est ce qui est arrivé pour l'agriculture dans ces dernières années, quand en face de la hausse des salaires elle n'a trouvé pour ses principaux produits qu'un' prix stationnaire sinon abaissé.

On sait comment se forme et se modifie sans cesse le taux des salaires. Il dépend essentiellement de l'offre et de la demande. Quand les ouvriers sont rares et le travail abondant, le salaire s'élève, comme il s'abaisse quand, à l'opposé, le travail étant rare, il y a exubérance de bras pour l'entreprendre. C'est là le résultat logique, irrésistible de la loi de l'offre et de la demande, à laquelle la main-d'œuvre ne peut pas plus se soustraire que les produits. Tel est le principe ; mais en application le résultat diffère selon les causes dont la loi de l'offre et de la demande n'est que l'effet.

Il y a une augmentation des salaires qui, loin d'engendrer le trouble dans les conditions du travail et de la production, est au contraire un utile auxiliaire pour l'un et pour l'autre, c'est celle qui suit parallèlement l'augmentation de la richesse et de la consommation générales. Aux classes laborieuses, pour consommer davantage, la hausse des salaires est nécessaire : à la production, dont les frais généraux se trouvent surélevés d'autant, l'augmentation des produits en rendement ou en valeur n'est pas moins indispensable. Quand ces deux conditions : hausse des salaires, augmentation des produits ou de leur valeur sont en équilibre, il en résulte un surcroît d'aisance et de bien-être à tous les degrés de la population ; la hausse des salaires, née d'une situation florissante, est alors un bienfait.

Mais il en est une autre qui, au lieu de suivre du même pas le rendement et le prix des produits, franchit cette limite compensatrice, élève sans contre-poids le prix de revient, et, à la place d'un bénéfice disparu, laisse derrière elle un trouble profond dans les intérêts de l'industrie qui la subit. — De cette hausse anormale des salaires est sortie la crise actuelle de l'agriculture en France ; c'est elle du moins qui en a marqué le début.

II

Elle devait, après s'être imposée aux salaires payés en numéraire et aux conditions de nourriture du travailleur, s'attaquer au travail agricole connu dans les campagnes sous un nom qui en caractérise énergiquement la nature : *la corvée*. Autrefois, en effet, il était d'usage général qu'en dehors du travail de moisson pour lequel ils étaient rétribués, les moissonneurs fissent à la corvée la manutention des fourrages et des céréales, la préparation pour la mise en gerbes des produits moissonnés, l'épandage des fumiers, etc. Avant 1830, ces corvées, privant le travailleur d'une partie légitime de salaire indispensable aux besoins de sa famille, amenaient à la porte des fermes, au milieu de l'hiver, une multitude de mendiants, besace au dos, marmottant des prières et sollicitant l'aumône : mais ce spectacle, qui s'était du reste successivement affaibli, a disparu entièrement avec la corvée elle-même. Aujourd'hui, tout travail agricole est rétribué selon son importance ou sa valeur, et l'on peut dire avec vérité que la corvée, abusivement imposée au travailleur rural par un reste de tradition de l'ancien régime, n'existe plus en France. Elle s'est évanouie faute de corvéables. Si sa disparition, s'ajoutant à l'augmentation des salaires, a été de quelque poids dans la crise, d'un autre côté, c'est le sentiment général que le travailleur et le patron y ont gagné : le premier en dignité autant qu'en rémunération, le second par la suppression d'une mendicité dont il supportait les charges, l'un et l'autre par l'anéantissement d'une cause permanente de discordes et de récriminations.

CHAPITRE IV.

1

Dans la conjoncture amenée par la hausse des salaires, la nécessité était venue pour l'agriculture de développer sa puissance de production et d'y chercher les éléments d'un nouvel équilibre. Elle n'y a pas manqué dans la mesure limitée, non d'un crédit spécial qui lui fait défaut, mais de ses ressources particulières; et en cela on peut affirmer que la crise a été pour l'agriculture un de ces stimulants salutaires qui ajoutent de nouvelles étapes à la route du progrès. Grâce à de nouveaux efforts consacrés au perfectionnement du matériel agricole et à l'amélioration des méthodes, la grande culture n'a pas tardé à trouver dans un surcroît de produit une compensation réelle, sinon suffisante. Elle pouvait entrevoir à l'horizon une prospérité relative et le terme de ses sacrifices, lorsque, à la cherté des salaires, est venue s'ajouter l'insuffisance de bras pour les travaux des champs. Les plaintes ont alors changé d'objectif. Au lieu d'accuser les salaires, on s'en est pris à la diminution du personnel agricole; on a re-

2

porté la responsabilité de la crise, non plus seulement aux exigences du salariat, mais à la difficulté, à l'impossibilité d'obtenir la main-d'œuvre en temps opportun et aux pertes matérielles qu'une telle situation devait fatalement engendrer.

En cela l'agriculture a confondu, dans une certaine mesure, l'effet avec la cause. Elle a oublié que ces deux termes : hausse des salaires, rareté des bras pour la main-d'œuvre sont corrélatifs, et que les travailleurs agricoles passés à l'industrie reviendraient à l'agriculture, si elle pouvait augmenter davantage encore un salaire déjà pour elle trop élevé. Quoi qu'il en soit, cette complication a créé pour l'agriculture une situation difficile, transitoire il est vrai, mais dont le résultat est un malaise réel. Et à ce sujet, remarquons en passant toute la différence qui, dans la plupart des questions économiques, existe entre l'agriculture et l'industrie proprement dite. En face de l'élévation des salaires, l'industrie peut augmenter proportionnellement le prix de ses produits, et si cette augmentation n'est pas acceptée par le consommateur, l'industrie peut ralentir et même abandonner une production qui a cessé pour elle d'être rémunératrice ; mais un tel choix n'appartient pas à l'agriculture ; la hausse des salaires la trouvera plaintive, mais toujours docile, résignée, quelle que soit l'importance du sacrifice.

C'est que pour elle le travail a ses saisons, ses mois,
ses jours et même ses heures marqués par l'opportunité et la nécessité ; c'est qu'un ralentissement,
un simple retard dans le travail affecte aussitôt ses
intérêts de la façon la plus grave. En veut-on un
exemple entre mille, tiré de la culture de la bette-
rave ? On sait qu'à certain degré de la culture de
cette plante, un travail est à faire, connu sous le
nom significatif de *démariage*, et qui consiste à extir-
per du sol les rejetons faibles, défectueux ou superflus de la plante, afin de laisser au développement
des autres l'espace et l'air nécessaires ; or, si ce travail n'est pas accompli en temps opportun, il y a
souffrance, produits imparfaits, perte pour le producteur. La vigilance la plus active est impuissante
ici sans le secours d'une main-d'œuvre obtenue avec
promptitude ; mais si la main-d'œuvre est tardive, si
elle est sourde à l'appel ou exagérée dans sa rémunération, le travail reste fatalement incomplet, ingrat
et sans profit.

De tels exemples ne sont pas rares en agriculture
et constituent une plaie véritable de l'époque.

Si l'on remonte successivement des effets aux
causes, la question de salaire et de main-d'œuvre
qui s'agite et se débat en ce moment au sein de l'a-
griculture n'apparaît que comme l'effet de causes
multiples et indépendantes, qui ont leur origine dans

— l'augmentation du travail agricole nécessitée par les nouveaux systèmes de culture, — le ralentissement de l'accroissement de la population, — le passage d'un nombre considérable d'ouvriers agricoles aux travaux de l'industrie, — les contingents militaires, — enfin, certaines causes secondaires.

Un examen rapide justifiera successivement ces diverses propositions.

II

L'augmentation du travail agricole a été très-considérable depuis cinquante années. Limitée à la culture du froment, elle serait aujourd'hui sans influence sensible sur le prix de la main-d'œuvre, car sa marche a été lente, normale, régulière, comme l'attestent les documents statistiques, suivant lesquels le froment a été cultivé :

En 1815 sur 4,591,677 hectares ;
— 1825 — 4,854,232 —
— 1835 — 5,338,043 —
— 1845 — 5,743,135 —
— 1855 — 6,419,330 —
— 1865 — 6,891,440 —

Entre les deux époques extrêmes de ce tableau, séparées par un demi-siècle, l'augmentation de la culture du froment a été de 50, 08 p. 100. Circons-

crite entre les années 1845-1865, elle se réduit à
19, 82 p. 100, ou 57,415 hectares en moyenne par
année ; mais il est à remarquer que la culture du
méteil, faite en 1815 sur 916,300 hectares, et celle
du seigle qui, la même année, occupait 2,574,000
hectares, étaient déjà restreintes en 1857, la première à 606,037 hectares, et l'autre à 2,072,865 hectares ; c'est une différence d'environ 800,000 hectares,
entrés dans la culture du froment à mesure des progrès agronomiques et dont il y a lieu de tenir compte
en déduction de l'extension de la main-d'œuvre.

L'excédant que le tableau ci-dessus fait connaître
pour la culture du froment représente, sous le rapport de l'étendue du sol cultivé, l'augmentation
successive du travail agricole depuis cinquante années. Il provient en partie de défrichements de bois,
de desséchements de marais, de landes et de communaux mis en culture, mais on le doit principalement à la décroissance de l'assolement par jachère.
On sait ce qu'était autrefois ce système de culture.
L'assolement était biennal dans le centre et le midi
de la France, où il consistait à récolter chaque année la moitié du sol cultivé et à laisser reposer l'autre moitié. Il était triennal dans l'est ; on semait, la
première année, une céréale d'automne, la seconde,
une céréale de printemps, et il y avait jachère durant la troisième ; mais le système de l'assolement

par jachère, abandonné sur beaucoup de points, a
fait place à des méthodes combinées dont le résultat
est de diminuer de plus en plus l'étendue des terres
que la jachère laisse improductives. L'assolement
triennal était aussi pratiqué dans le nord, mais depuis longtemps il n'y compte plus un seul partisan.
Dans cette contrée où l'engrais est répandu en abondance et la terre mieux cultivée ; où s'est introduite
la méthode qui fait alterner les céréales avec les
plantes industrielles et fourragères, le sol ne se repose jamais. Ce système pourrait être étendu avec
un égal succès, mais il exige une avance de fonds
considérable que la contrée du nord peut faire sans
effort, aidée de son crédit et de sa richesse acquise,
mais qui dépasserait souvent les ressources du cultivateur sur beaucoup d'autres points de la France.

L'extension du sol cultivé n'entre donc que pour
une part relative dans l'augmentation de la main-
d'œuvre agricole, et on se tromperait étrangement si
on considérait cette augmentation comme bornée
aux onze cent mille hectares environ, ajoutés depuis vingt ans à la culture du froment. C'est surtout
dans le perfectionnement des divers systèmes de
culture, dans la transformation de certains modes
d'exploitation et dans la culture industrielle que
l'augmentation du travail agricole a sa source. Le
résultat des systèmes nouveaux a été le succès et

l'agriculteur en a été récompensé sous forme d'un rendement supérieur des produits ; mais, dans les opérations agricoles, une amélioration ne peut s'accomplir sans qu'il soit tenu compte aussitôt d'un supplément de main-d'œuvre, résultat logique et conforme d'ailleurs à cette vérité que le travail est la condition indispensable du progrès.

En résumé, en tenant compte de ces diverses observations, on peut évaluer à 25 p. 100 l'augmentation du travail agricole durant les vingt dernières années, sans craindre de se trouver au delà de l'exacte vérité des faits.

III

L'accroissement de la population en France s'est ralenti dans une proportion sensible depuis le commencement de ce siècle. Sous l'ancienne monarchie, on s'est borné à des appréciations plus ou moins hypothétiques, sans procéder à aucun dénombrement régulier. C'est ainsi que d'après les documents publiés dans la *Statistique de la France*, la population était évaluée, en 1700, à 19,669,320 habitants, à 21,769,163 en 1762, et à 24,800,000 en 1784. Une loi du 22 juillet 1791 avait prescrit qu'un recensement général serait fait chaque année par les municipalités, mais elle est demeurée sans application jusqu'en 1801, époque où le dénombrement a été opéré par les préfets. C'est le point de départ des recensements officiels, dont le deuxième a eu lieu en 1806, le troisième en 1821 et les autres successivement, à cinq années d'intervalle, jusqu'au dernier, fait en 1866 et attestant une population de 38,067,094 habitants, annexions comprises. Les documents relatifs à ces opérations successives peuvent être consultés avec confiance, si l'on en excepte le recensement de 1801, qui a été l'objet de vives contestations basées sur la précipitation et la légèreté apportées dans l'exécution de ce travail, et le recensement de 1841, opéré au milieu de très-graves désordres dont il était l'objet.

Voici le tableau des recensements officiels, indiquant l'accroissement moyen et les périodes de doublement de la population.

PÉRIODES des recense-ments.	POPULATION.	ACCROISSEMENT MOYEN		PÉRIODES de double-ment (1).
		Annuel.	Par 100 habitants.	
1801	27,349,003	»	»	»
1806	29,107,425	251,684	092	75
1821	30,461,875	90,297	031	223
1826	31,858 937	279,412	098	71

(1) D'après le rapport de l'accroissement moyen annuel avec la population initiale.

PÉRIODES des recensements.	POPULATION.	ACCROISSEMENT MOYEN		PÉRIODES de doublement (1).
		Annuel.	Par 100 habitants.	
1831	32,569,223	142,057	044	210
1836	33,540,910	194,337	060	115
1841	34,230,178	137,854	044	169
1846	35,400,486	234,061	068	102
1851	35,783,170	76,537	022	316
1856	36,039,364	51,236	020	346
1861	37,386,313 (2)	133,812	037	187
1866	38,067,094	136,156	036	192

(1) D'après le rapport de l'accroissement moyen annuel avec la population initiale.
(2) Annexions de la Savoie et du comté de Nice comprises.

Quelque certitude que présentent les recensements généraux au point de vue du chiffre absolu et successif de la population, le résultat tiré de la différence entre les naissances et les décès offrira toujours un intérêt réel dans un pays où l'émigration à l'étranger est sans importance numérique. On y trouvera, dans leurs détails, les éléments nécessaires à la recherche et à l'appréciation des causes de la diminution constante de l'accroissement de la population. C'est pourquoi nous relevons ce résultat pour les soixante-cinq premières années de ce siècle, en le faisant précéder, comme terme de comparaison, du résultat constaté par le même mode à diverses périodes de la fin de l'ancien régime.

PÉRIODES.	MOYENNE ANNUELLE		EXCÉDANT moyen annuel	MOYENNE annuelle
	des naissances.	des décès.	des naissances.	des mariages.
1770-1774	921,873	792,034	129,839	192,532
1775-1779	952,246	804,103	148,143	223,802
1780-1784	969,801	916,603	53,498	232,498
1801-1810	918,065	798,461	119,604	247,408
1811-1820	942,741	772,925	169,846	234,419
1821-1830	974,058	790,694	183,365	247,620
1831-1840	966,990	837,696	129,293	266,153
1841-1850	971,452	827,291	143,861	280,437
1851-1860	953,593	866,722	86,871	287,750
1861-1865	1,005,434(1)	861,742	143,393	304,702

(1) Annexions comprises.

Les tableaux qui précèdent et les détails qui leur servent de base fournissent de curieux renseignements :

Les périodes quinquennales 1821-1826 et 1841-1846 sont les seules durant lesquelles l'accroissement de la population ait dépassé un million; or, au souvenir des contemporains, jamais la prospérité agricole n'a été plus réelle, plus normale, et la propriété du sol plus recherchée du fermier comme du propriétaire que durant ces deux périodes.

La période 1851–1856 est celle où se trouve le chiffre d'accroissement le moins élevé. Cette infériorité est due à plusieurs causes : la crise alimentaire, l'épidémie cholérique, la guerre d'Orient. La première cause s'était déjà produite en 1847, la deuxième, avec une grande intensité, en 1832 et 1849, sans cependant que l'accroissement ait été interrompu. Il en a été autrement en 1854 et 1855. Pour la première fois de ce siècle, la population s'est trouvée, comme en 1783 (1), diminuée dans son chiffre absolu. Le nombre des décès a excédé celui des naissances de 69,318 en 1854 et de 37,274 en 1855. Au 1er janvier 1856, le chiffre de la population était inférieur de 106,592 habitants à celui du 1er janvier 1854. Il est vrai qu'il faut remonter jusqu'aux années 1812 et 1813 pour trouver un nombre de naissances aussi restreint que celui de l'année 1855. Quant au nombre de décès, il surpasse pour 1854 et 1855 de 296,934 celui des an-

---

(1) L'excédant des décès sur les naissances, en 1783, a été de 4,264.

nées 1853 et 1856, chiffre énorme, effroyable hécatombe de l'épidémie cholérique et de la guerre de Crimée.

Le nombre moyen des naissances des trois périodes quinquennales 1770-1784 ne s'est pas retrouvé dans les deux périodes décennales 1801-1820. Dépassé ensuite de quelques milliers jusqu'à 1860, il lui a fallu l'annexion de la Savoie et du comté de Nice à la France pour atteindre à peine un million.

La moyenne des décès, comparée au nombre des naissances, donne pour résultat :

1770-1784 décès pour 100 naissances :		88.29.
1801-1830 —	—	83.32.
1831-1850 —	—	85.90.
1851-1860 —	—	90.88.
1861-1865 —	—	85.73.

Relativement aux naissances, la mortalité serait donc depuis 1830 à peu près aussi considérable que celle constatée par la même relation il y a près d'un siècle. Elle serait d'un chiffre plus élevé encore à notre époque, si la comparaison se réduisait à ces deux périodes de 10 ans chacune : 1775-1784, dont le rapport est de 89,52 décès pour 100 naissances, et 1851-1860, dont le rapport est de 90,88. Or, la durée de la vie moyenne (âge moyen des décédés) ayant notablement augmenté, puisque, selon le rapport de la population aux naissances, de 25 ans et demi en 1784 elle est aujourd'hui de 37 ans et six mois, on doit en conclure que la mortalité épargne les adultes et sévit davantage sur les enfants. C'est, du reste, une vérité que des publications récentes (1) ont mise en pleine lumière par des chiffres navrants, auxquels il faut ajouter ceux relatifs à la proportion du nombre des morts-nés. Jusqu'à 1839, les morts-nés étaient comptés à la fois dans les naissances et les décès, mais depuis ils ont été l'objet d'un relevé particulier. De 1839 à 1851, leur moyenne annuelle a été de 29,170, dont 31,665 pour l'année 1851 ; mais de cette époque à 1866, la moyenne s'est accrue de plus de 50 p. 100. Dès 1852, le relevé des morts-nés était de 37,901 , et il s'est élevé pour 1866 à 47,702, présentant sur le relevé de 1851 une différence en disproportion considérable avec l'accroissement de la population durant cette période, et dont il faut laisser au moraliste le soin de rechercher et d'apprécier les causes.

Si, au point de vue du nombre des mariages en rapport avec la population totale, on compare la période 1780-1784 avec la période 1861-1865, on

(1) Voir notamment la brochure de M. le Dr Brochard sur la *Mortalité des nourrissons en France.*

trouve celle-ci en diminution sur l'autre d'un nombre moyen annuel de plus de 50,000 mariages, chiffre éloquent, sorti d'une comparaison entre notre époque et la fin de l'ancien régime , autre époque où cependant les ordres religieux, par leur puissance et leurs priviléges, attiraient à eux et au célibat un grand nombre d'adultes des deux sexes. — Quant à la fécondité des mariages, elle a été, en moyenne, de 4,38 pour un mariage, y compris les naissances d'enfants naturels, de 1770 à 1784 ; de 3,76 en 1801-1860 ; de 3,33 en 1861-1865, et pour cette dernière période de 3,08, si l'on omet les enfants naturels, dont la proportion moyenne a été de 7,56 sur 100 naissances.

En classant d'après les recensements les plus récents les populations des principaux Etats dans l'ordre de leur période de doublement, on trouve en tête la Saxe, la Prusse, le Grand-Duché de Bade, le Duché de Nassau, la Russie, la Norwége, la Suède et l'Angleterre, avec une variation de 39 à 59 années, et la France à l'avant-dernier rang. — Sous le rapport du nombre des mariages comparé au chiffre de la population, la France occupe le 16° rang. Quant à leur fécondité, dix Etats, la Grèce en tête, la Hollande fermant la liste, varient de 4,72 à 4,04, et douze Etats, dont la liste est ouverte par l'Angleterre et fermée par la France, varient de 3,99 à

3,08. — Enfin, au tableau des densités de population, la France est au 9e rang avec 70,10 habitants par kilomètre carré ; avant elle sont la Belgique, dont la densité de population est de 164,29, la Saxe, l'Angleterre, la Hollande, l'Italie, Bade, le Wurtemberg et la confédération de l'Allemagne du Nord. La Prusse est au dixième rang, avec densité de 68,40, puis vient le Portugal, dont la densité est de 66.

Toutes ces considérations indiquent un ralentissement progressif et constant dans l'accroissement de la population, mais ce résultat n'est spécial ni au présent siècle ni à notre pays ; on le constatait déjà pour la France avant la fin du dernier siècle, et on le constate aujourd'hui, quoiqu'à un moindre degré, dans les autres États de l'Europe. En résumé, tandis que depuis vingt années la main-d'œuvre agricole s'est successivement augmentée de 25 p. 100, l'accroissement parallèle de la population n'a été que de 7,53 p. 100, y compris les 669,039 habitants ajoutés par l'annexion de la Savoie et du comté de Nice à la France. Le simple rapprochement de ces chiffres, s'il pouvait servir à déterminer dans sa réalité le rapport entre les deux termes qu'ils représentent, expliquerait déjà l'insuffisance de bras qui a si justement motivé les plaintes de l'agriculture, mais absolue dans le sens numérique, l'infériorité de l'accroissement de la population comparé à l'augmentation de la main-d'œuvre, est cependant plus apparente que réelle. C'est qu'à nombre égal de naissances la France conserve le plus de survivants de l'âge de trente ans aux âges avancés de la vie ; elle a moins d'enfants, mais elle a plus d'adultes : avantage qui assure à sa population une prépondérance marquée sur les autres, quant à la durée de la vie moyenne, et qui renferme une compensation incomplète, sans nul doute, sous le rapport économique et politique, mais suffisante au point de vue traité ici pour permettre de placer, quant à présent, cette partie de la question hors du débat.

IV

Il en est autrement de la question si souvent et si justement agitée de la désertion des campagnes pour les villes. Ce mouvement de la population rurale est mis en pleine lumière par les documents statistiques, et c'est à lui que doit être reportée, en majeure partie, la responsabilité de la pénurie de bras dont l'agriculture se plaint depuis plusieurs années.

Voyons en effet :

De 1789 à 1836, le rapport de la population des 363 villes chefs-lieux de département et d'arrondissement à la population totale de la France, se maintient à peu près régulièrement à 14 p. 100: mais à partir de 1836 la proportion incline vers la population urbaine, et au dénombrement de 1866 elle s'élève à plus de 20 p. 100. Le tableau suivant indique ses accroissements successifs à diverses époques de dénombrement postérieures à l'ancien régime (1) :

1801	3,854,202	habitants.
1811	4,063,110	—
1821	4,321,039	—
1831	4,619,136	—
1836	4,951,684	—
1846	5,688,375	—
1851	5,852,995	—
1866	7,647,927	—

Un fait considérable ressort de ce tableau : De 1851 à 1866, la population des 363 villes chefs-lieux (nous laissons de côté les annexions) s'est augmentée de 1,811,932 habitants. Or, l'accroissement total de la France entre ces deux époques n'ayant été que de 1,609,543 habitants (annexions déduites), non-seulement la progression de la population rurale a été entièrement absorbée par la popu-

---

(1) En 1789, la population des villes chefs-lieux s'élevait à 3,709,021 habitants.

lation urbaine, mais les campagnes où le nombre des naissances *légitimes* est cependant plus élevé, relativement, que dans les villes, ont en outre perdu plus de 200,000 habitants sur leur chiffre de population absolu, durant la même période.

Et ces calculs, remarquons-le bien, ne s'appliquent qu'aux villes chefs-lieux de département et d'arrondissement. Or, à côté de ces villes, d'autres sont devenues le centre d'une population considérable. A ne compter que celles de plus de 10,000 âmes, leur population a passé de 383,740 habitants en 1851, à 580,515 habitants en 1866.

Cette dépopulation des campagnes au profit des villes est encore démontrée par le mouvement de la population par département de 1846 à 1866. Sa période extrême de développement est celle 1851-1856, durant laquelle cinquante-trois départements ont diminué dans leur population absolue d'environ 445,000 habitants. Pendant la période suivante (1856-1861) vingt-deux des mêmes départements se sont encore amoindris de près de 100,000 habitants; et si ce mouvement s'est ensuite ralenti; si, lors du recensement de 1866, quatorze départements avaient retrouvé leur chiffre de population de 1851, d'un autre côté, trente-neuf départements restaient en arrière, et parmi ceux-ci trente-deux départements (Basses-Alpes, Hautes-Alpes, Ariége, Aude,

Cantal, Charente, Corrèze, Côte-d'Or, Creuse, Dordogne, Eure, Eure-et-Loire, Gers, Lot-et-Garonne, Lozère, Manche, Haute-Marne, Mayenne, Meurthe, Meuse, Oise, Orne, Puy-de-Dôme, Basses-Pyrénées, Hautes-Pyrénées, Haute-Saône, Sarthe, Tarn, Tarn-et-Garonne, Var, Vosges et Yonne) n'avaient plus qu'une population inférieure à celle constatée par le recensement de 1846.

La conclusion à tirer de ces calculs est celle-ci : Depuis 20 années (1846-1866) la population urbaine s'est accrue successivement aux dépens de la population rurale d'environ 2,500,000 habitants, passés des campagnes dans les villes, c'est-à-dire des travaux agricoles aux travaux de l'industrie. Les grandes villes de certains départements (Bouches-du-Rhône, Gironde, Hérault, Loire, Loire-Inférieure, Nord, Pas-de-Calais, Seine et Seine-Inférieure) ont eu le plus large profit de cette décroissance de la population rurale ; la seule part du département de la Seine a été de **786,499** habitants.

Parmi les causes assignées à cette émigration des campagnes vers les grands centres de population, on peut signaler le développement considérable de l'industrie et de la main-d'œuvre industrielle, l'élévation des salaires qui en a été la conséquence naturelle, et l'attrait exercé sur la population rurale par les avantages que lui offrent les grandes villes. Ce

résultat est retombé d'un poids excessif sur l'agriculture. En pleine extension de main-d'œuvre elle-
même, elle s'est trouvée privée du concours de plus
de deux millions de travailleurs sortis de ses rangs
pour ceux de l'industrie, et livrée pour les salaires
à des exigences disproportionnées avec le rendement et le prix de ses produits. De là un malaise
profond, dont le remède serait vainement cherché
dans l'action des pouvoirs publics, car il consiste
dans le rétablissement de l'équilibre détruit entre
les salaires de la main-d'œuvre industrielle et les
salaires de la main-d'œuvre agricole, rétablissement
subordonné, moins à un accroissement de population qui dépend de l'action lente du temps, qu'à une
production agricole plus abondante et plus économique qui dépend de l'agriculture elle-même.

V

A la désertion des habitants des campagnes pour
les villes, cause principale de la rareté de bras pour
la main-d'œuvre rurale, s'ajoutent d'autres causes
dont l'agriculture subit arbitrairement les effets.

C'est ainsi qu'en rapprochant avec impartialité la
main-d'œuvre *à la journée*, obtenue par l'agriculture
il y a moins de vingt années, de celle qu'elle obtient et rétribue aujourd'hui d'un plus haut salaire,

la première l'emporte d'un poids considérable dans la balance. Les observateurs pratiques en évaluent le supplément à un travailleur sur cinq, sinon sur quatre, en moyenne. La somme de main-d'œuvre agricole serait donc inférieure aujourd'hui de 20 à 25 p. 100, selon les lieux et les circonstances, à celle fournie autrefois par le même nombre de bras et pour un salaire moins élevé.

C'est ainsi encore que la main-d'œuvre agricole entreprise *à la tâche* n'est plus à notre époque exempte d'imperfection au même degré qu'auparavant. Cette observation appliquée, par exemple, à la culture des plantes sarclées (betteraves, pommes de terre, etc.) est d'une importance notable. On sait, en effet, qu'un sarclage négligé, imparfait, ou exécuté dans de mauvaises conditions, entraîne ordinairement une dépréciation d'environ cinquante francs par hectare sur la récolte sarclée et de même somme sur la récolte de l'année suivante.

C'est ainsi enfin, qu'aujourd'hui, l'indifférence de la domesticité agricole pour les intérêts qui la rétribuent, son insubordination, sa résistance, sa force d'inertie dans l'accomplissement en temps opportun d'une tâche cependant plus rémunérée qu'autrefois, amènent dans l'exécution du travail ces obstacles, ces retards qui se traduisent en dommages d'autant plus regrettables pour le producteur, qu'ils ont leur cause, non dans les circonstances atmosphériques ou de force majeure devant lesquelles la résignation serait naturelle, mais dans l'incurie, la négligence et la mauvaise volonté d'autrui.

Tous ces faits existent-ils? Ne sont-ils pas de partout et de chaque jour, et la peinture en est-elle exacte? Que le personnel agricole lui-même réponde.

Assurément, une large réserve est à faire ici, car il serait injuste d'étendre à une classe toute entière le reproche mérité par un certain nombre, et les récompenses distribuées aux serviteurs des deux sexes, dans les concours agricoles, sont la preuve de nombreuses exceptions. L'amour du travail, l'abnégation et le dévouement ne font pas toujours défaut à cette classe de travailleurs, sous un patronage intelligent, sachant allier les égards pour la personne à la juste rémunération du labeur pénible qu'elle accomplit, et c'est ici le lieu de rappeler « que les bons maîtres font les bons ouvriers, » vieil adage dont la vérité était proclamée hier encore, en excellents termes, par un serviteur agricole, un berger, sur la tombe du maître qui venait de mourir (1).

______

(1) « Oui, s'écriait l'humble berger, la tâche, si rude qu'elle soit, semble moins pénible au serviteur quand la voix du maître est douce, presque familière; quand son commandement est empreint de justice et de modération; qu'il encourage au lieu d'humilier. » (*Progrès de l'Oise*, du 10 novembre 1869.)

Cependant il n'en est pas moins constant que les qualités nécessaires du serviteur agricole se sont notablement affaiblies, qu'elles vont s'affaiblissant chaque jour, et que, n'y trouvant plus la certitude et la régularité de travail essentielles à toute exploitation pour rester prospère, beaucoup d'agriculteurs attendent l'occasion favorable de se faire remplacer, tandis qu'un plus grand nombre encore, se détournant d'une carrière pleine de mécomptes, font aujourd'hui le vide parmi les concurrents qui autrefois l'eussent avidement recherchée.

VI.

Beaucoup de bons esprits ont attribué à l'augmentation du contingent annuel de l'armée la rareté de bras pour la main-d'œuvre agricole. Cette proposition, réduite à ses rapports avec la crise actuelle, est loin d'avoir toute la portée qu'on s'est imaginé, et il est aisé, par un simple calcul, de démontrer l'exagération de certaines appréciations sur ce sujet. Supposons, en effet, que les principales questions de politique extérieure soient aplanies, le désarmement convenu entre les puissances dirigeantes et le gouvernement sans crainte pour l'honneur et l'intérêt vital du pays. Admettant aussitôt la conséquence naturelle d'une situation conforme aux vœux constants des peuples, le gouvernement va renvoyer dans leurs foyers 100 ou 150 mille hommes de l'effectif. Croit-on que l'agriculture profitera seule des bras redevenus libres par cette diminution considérable de l'armée permanente? Non, assurément; une partie retournera aux professions industrielles, et c'est faire à l'agriculture une large part que de porter à son compte cent mille de ces jeunes et robustes travailleurs, rendus à la vie civile et aux travaux productifs. Or, répartis sur l'ensemble du territoire de la France, ils n'augmenteraient la population de chaque commune rurale, en moyenne, que de deux habitants, nombre sans importance réelle comme sans rapport avec le nombre de bras qui font aujourd'hui défaut au travail agricole.

Mais la proposition a une toute autre portée si on la considère dans ses rapports avec les finances publiques et le développement de la population. A ce double point de vue, les résultats funestes des contingents militaires excessifs n'ont besoin d'aucune démonstration. Ils affaiblissent la prospérité du pays en dévorant ses ressources budgétaires et en le privant du bénéfice de travaux productifs; ils entravent l'accroissement de sa population par l'obstacle au mariage des militaires à un âge où la fécondité des mariages obtient une prépondérance marquée sur les autres époques de la vie. A cet égard le passé a fait sa preuve, confirmée par les documents sur la matière aux différentes époques corrélatives avec la diminution ou l'élévation du contingent actif. Sous le gouvernement de la restauration, le contingent ordinaire était de 40,000 hommes; le gouvernement de 1830 l'a élevé d'abord à 60,000, puis à 80,000, et il est de 100,000 hommes aujourd'hui. C'est une augmentation de 60 p. 100 en moins de quarante années, contre un accroissement de population qui n'a pas atteint 17 p. 100 durant la même période. La population rurale, privée depuis vingt ans de tout accroissement régulier par son émigration dans les villes, pourra-t-elle longtemps encore, sans de graves mécomptes, supporter pour sa part la levée d'un ban militaire d'environ soixante mille de ses meilleurs ouvriers, ne retournant à leur foyer, après l'oisiveté des garnisons, que tout à fait impropres aux rudes travaux des champs?... Ah! sans doute, il est des sacrifices imposés à une grande nation jalouse de conserver intact le rang marqué pour elle par de hautes destinées, et la France y souscrira toujours avec la générosité du patriotisme, mais sans oublier cette belle pensée de Fenélon : « Toutes les guerres sont des guerres civiles, » ni ces paroles sorties de la bouche du citoyen illustre qui, récemment, prenait possession du gouvernement où l'ont appelé les vœux d'un grand peuple(1): « Le monde entier réclame la paix ; éloignons non-seulement la guerre, mais même les bruits de guerre. La paix a ses victoires, plus glorieuses que celles remportées sur les champs de bataille. Il faut cultiver la terre et la peupler ; ce n'est pas du sang de l'homme qu'elle a soif, mais de ses sueurs qui la fécondent. » Admirables paroles que l'humanité toute entière devrait inscrire à son foyer où elles seraient bénies de toutes les mères ! Puissent-elles pénétrer au cœur des chefs de gouvernement et leur rappeler sans cesse que leur mission est de rapprocher les peuples par le commerce, l'industrie, les échanges, les arts, la concorde, non de les diviser par d'injustes prétentions à la domination, ou par de puériles questions de vanité.

A notre époque, les nations de l'Europe sont écrasées sous le poids des dépenses militaires. Pour la France, ces dépenses stériles dépassent la dette publique qu'elles augmentent sans cesse, et avec elle absorbent la moitié d'un budget de plus de deux milliards. Quelle prodigieuse ressource fournirait la suppression de l'exagération de ces dépenses ! Il n'est pas une amélioration qu'on ne pût se flatter de

----

(1) 4 mars 1869. — Installation du général Grant, comme pré-sident des Etats-Unis.

réaliser, pas de degré de prospérité auquel une grande nation comme la France ne pût prétendre avec une telle ressource, augmentée du travail productif des militaires rendus à leurs familles et que la main-d'œuvre sollicite de toutes parts. Dans la voie où elle est engagée par ses dépenses militaires, la France s'impose elle-même une sorte de rançon anticipée, égale tous les trois ou quatre ans à celle qu'elle a subie à la suite de douloureux désastres. Il est temps de cesser de consumer l'épargne nationale dans une vaine expectative qui, si elle n'est pas la guerre, en offre sous le rapport de l'accroissement de la population, comme sous le rapport financier, les désastreux résultats. La France, dégagée des idées de conquête, n'a rien à redouter de ses voisins. Qu'elle améliore largement ses institutions intérieures sur la double base de la stabilité et de la liberté, et les célèbres frontières naturelles lui viendront un jour pacifiquement et par surcroît. Dans un autre ordre d'idées, les exemples dans le passé prouvent que pour défendre le sol de la patrie contre l'étranger, aucune armée ne vaut la nation toute entière debout et libre. En s'inspirant de cette confiance qui était celle de nos pères, réduire l'effectif et les dépenses militaires dans la plus large mesure, c'est accomplir la plus fructueuse des conquêtes, celle qui féconde au lieu de détruire et attire à un

Gouvernement dont elle est le bienfait la juste reconnaissance des populations.

VII.

D'autres causes doivent être rangées parmi celles
qui favorisent l'abandon des campagnes pour les
villes, augmentent les obstacles à l'accroissement de
la population et raréfient les bras nécessaires à la culture du sol.

De ce nombre est l'exagération des travaux d'em-
bellissement et de luxe des villes depuis quinze ans.
C'est par deux ou trois cent mille qu'il faut compter, à Paris seulement, le contingent d'ouvriers dé-
tournés des centres agricoles pour les travaux
publics. Quant à la province, sa part est relativement peu considérable : 15 à 20,000 environ, en
évaluant le nombre d'ouvriers employés aux travaux
entrepris par les villes à 50, en moyenne, par chef-
lieu d'arrondissement et de département, et en
tenant compte des villes qui, en dehors de cette catégorie, forment néanmoins un grand centre de population (1), disposant d'un budget important par
les recettes municipales et grossi au besoin par le
crédit.

____

(1) Telles que Roubaix, Tourcoing, Mazamet, Saint-Nazaire, etc.

Dans la seconde partie se classent successivement — l'accroissement du nombre des agents et employés au service des administrations publiques et privées, voués pour la plupart au célibat ou à l'infécondité du mariage par la médiocrité de leurs moyens d'existence (1) ; — l'augmentation du personnel de la domesticité, également voué en presque totalité au célibat ; — et le mouvement progressif du clergé *régulier* réduisant le nombre des mariables (2).

Il faut y ajouter la continence volontaire, — prévoyante et sage quand elle porte l'homme marié à ne pas excéder par le nombre de ses enfants les moyens d'existence dont il dispose ; — contraire à la morale et à la politique quand elle n'a d'autre

-----

(1) Les recensements en portent le nombre à plus de 1,200,000. Le seul nombre des employés des chemins de fer était de 113,205 au 1er janvier 1867.

(2) *Des conditions d'accroissement de la population française,* par M. Legoyt, travail publié dans le *Journal des économistes,* août 1867, p. 218. Voici, d'après ce travail, le résultat des recensements de 1856 et 1861, en ce qui concerne les communautés religieuses :

	Religieux.	Religieuses.	Total.
1856	14,304	40,371	54,675
1861	17,776	90,343	108,119

Le nombre des religieux *réguliers* des deux sexes a donc doublé durant cette période de cinq années, mais dans une proportion moindre pour les communautés d'hommes (24,29 p. 100), que pour les communautés de femmes (123,67 p. 100).

mobile qu'une superfluité de richesse ou de bien-être matériel, vice particulier des peuples *faits* et avancés en civilisation. A ce sujet, certains détails révélés par l'enquête agricole et relatifs à un village de Seine-et-Marne, loin d'être isolés, pourraient être corroborés par une foule d'exemples. Nous n'en relèverons qu'un seul, concernant un village exclusivement agricole de l'Oise : De 732 habitants en 1846, la population de ce village est descendue à 493 habitants en 1866, ayant perdu dans l'intervalle d'un dénombrement à l'autre 32, 65 p. 100, sans accroissement dans les décès, de son chiffre absolu, sans émigration, et uniquement par la diminution du nombre des naissances, diminution si marquée, que cinquante-deux ménages formés durant cet intervalle bi-décennal ne comptaient ensemble que douze enfants au dénombrement de 1866.

Le mouvement de la population française depuis le commencement de ce siècle peut être ainsi défini : Plus il y a de mariages, moins il y a de naissances, et plus il y a de naissances, moins il y a de mariages ; résultat étrange au premier aspect, mais effet logique de lois générales mesurant par les décès l'accroissement de la population aux moyens de la faire subsister et n'ayant dans notre pays d'autre tort que son exagération depuis certain nombre d'années.

La cause véritablement efficiente de l'émigration des ouvriers des campagnes pour les grands centres de population est, nous le répétons, dans le développement du travail industriel et la hausse des salaires qui en a été la conséquence. Les travaux publics exécutés par les villes, les contingents militaires excessifs, les guerres et les expéditions lointaines ont certainement leur part de responsabilité dans cette évolution et dans la disette de bras qui afflige l'agriculture, mais une part restreinte compensée par l'augmentation, si légère qu'elle soit, de la population, et sans influence sensible dans une question immense comme celle de la main-d'œuvre agricole. En résultat, c'est toujours à l'accroissement du nombre des ouvriers de l'industrie qu'il faut revenir pour expliquer le vide survenu dans les rangs des ouvriers de l'agriculture. Nous avons le regret d'être sur ce point en dissentiment avec un publiciste éminent, dont les travaux enrichissent chaque jour la science économique :

« Voulez-vous, écrit-il (1), retrouver les 2 millions d'habitants que nos campagnes ont perdu depuis quinze ans ; ne les cherchez pas dans les ate-

---

(1) *L'impôt et la dépopulation des campagnes*, par M. Léonce de Lavergne, de l'Institut, travail inséré dans le *Journal des économistes*, oct. 1867, p. 90.

liers de l'industrie ; ils sont parmi les soldats qui peuplent les casernes, dans la foule de petits employés que multiplie la centralisation, dans les démolisseurs de Paris, dans la domesticité des villes, dans cette population oisive et parasite qu'attirent les grands centres, et enfin dans les hospices où viennent aboutir en grand nombre ces existences déclassées. »

Le savant économiste a-t-il, dans ce passage, apprécié les causes dans leur juste mesure respective? La réponse à cette question est tout entière dans l'augmentation de la population des villes industrielles. 150,000 soldats retenus dans les garnisons au lieu d'être rendus à leurs foyers; 2 ou 300,000 ouvriers employés aux travaux publics dans les villes, et un accroissement de 100,000 employés et domestiques peuvent être et sont sans effet dans la cause de la diminution du nombre des naissances un élément énergique, incontestable, mais ils sont loin de compenser l'évolution de 2 millions et demi de travailleurs qui, depuis quinze ans, s'est faite des campagnes pour les centres industriels sous l'impulsion d'un salaire plus rémunérateur.

CHAPITRE V.

La crise que traverse en ce moment l'agriculture
est réelle et notoire. Qu'il y ait dans son intensité
une différence entre la grande et la moyenne culture, entre la moyenne et la petite culture, cela est
incontestable mais n'exclut pas le fait en lui-même.
La crise existe, plus ou moins vive au sommet, moins
vive pourtant qu'on ne se plaît à l'imaginer, et atténuée à mesure que l'on descend de la moyenne
exploitation agricole aux quelques hectares exploités
par le petit cultivateur et sa famille sans le secours
d'une main-d'œuvre étrangère. Elle existe à des
degrés variables selon la fertilité du sol, la proxi-
mité d'usines favorables au développement de la
culture industrielle, l'aisance de la population rurale
et l'intelligence agronomique de la contrée, mais
depuis plusieurs années elle est à peu près générale
en France.

Les cessions, les abandons anticipés de culture
en offrent la preuve. Autrefois très-recherchées et
très-sollicitées auprès des fermiers qui avaient
accompli leur tâche laborieuse, les cessions de culture n'avaient besoin, pour être traitées, ni de la

publicité des journaux, ni de l'ingérence de courtiers. Les concurrents étaient nombreux, le bail suffisamment lucratif, et de courtes explications amenaient aussitôt un pacte définitif. Aujourd'hui les choses ont bien changé. Les résiliations forcées, les reprises d'exploitations par des propriétaires obligés de faire cultiver leurs terres pour leur propre compte ne sont pas rares, et les exploitations agricoles à céder remplissent les journaux d'annonces répétées, mais impuissantes auprès d'un public qui n'a plus dans les résultats de l'agriculture la même confiance qu'auparavant.

Cependant, hâtons-nous de le dire, il n'y a dans cette situation essentiellement transitoire rien d'alarmant pour l'agriculture ni pour le pays. L'agriculture française, forte par l'épargne, par la division des exploitations et par l'énergie du travail, traversera cette crise comme elle en a traversé tant d'autres, non sans quelques sacrifices, mais en conservant à la tête de toutes les industries le rang qui lui appartient par sa nature et par son importance.

Quelles sont les causes véritables de cette situation anormale de l'agriculture?

Selon les documents connus de l'enquête, la cause principale de la crise se trouverait dans la hausse exagérée des salaires, et cette cause l'enquête la signale aux méditations des hommes d'État, des économistes et du public.

Selon une opinion raisonnée et accréditée, les salaires actuels, compensés dans leur taux élevé par le renchérissement des loyers et des denrées, à peine suffisants pour faire vivre l'ouvrier agricole et sa famille, sont étrangers à la crise. La crise a sa cause dans l'insuffisance de bras pour la main-d'œuvre agricole et dans la diminution de la somme de main-d'œuvre, obtenue du travailleur, comparée à celle d'autrefois.

Enfin, pour ceux dont l'examen, franchissant la surface des questions, embrasse dans leurs détails les éléments divers qui constituent les causes premières et en déterminent les effets, la cause principale de la crise est ailleurs ; elle serait née le jour où, en face du développement de la main-d'œuvre industrielle et de la consommation générale, la production agricole aurait cessé de suivre du même pas la marche ascendante des salaires et d'être, relativement, abondante et économique.

C'est, en effet, dans la question complexe des salaires de la main-d'œuvre et de la production agricoles que se trouvent, à des degrés divers, les causes dominantes de la crise.

Vainement a-t-on essayé de s'en prendre tour à tour à la législation sur la liberté commerciale, à la

suppression du système de l'échelle mobile, à l'insuffisance du droit fiscal sur l'importation des céréales, à l'impôt foncier, aux octrois, au prix exceptionnellement réduit du froment et à toutes ces
choses à la fois ! Il n'y a rien à caractériser à ces
divers points de vue comme influence sérieuse sur
la crise en elle-même. Au temps où l'exploitation
agricole était prospère l'impôt foncier existait, plus
élevé encore qu'aujourd'hui ; les centimes additionnels, les prestations en nature n'avaient pas atteint,
il est vrai, les limites reculées où nous les voyons,
mais, d'un autre côté, combien d'améliorations
étaient absentes, que l'augmentation de cette double ressource d'intérêt local a permis de réaliser au
grand avantage de l'agriculture et des agriculteurs !
Les octrois n'étaient ni moins nombreux ni moins
exigeants dans leurs tarifs qu'à présent ; le
régime de l'échelle mobile et sa série de droits
supplémentaires, toujours suspendus en temps de
cherté excessive ou prolongée des céréales, ne fonc-
tionnaient guère dans les circonstances exceptionnelles où le producteur en aurait retiré le plus
grand profit ; enfin, le prix du froment avait,
comme aujourd'hui, ses alternatives de hausse
et de baisse, selon l'abondance ou la rareté de ce
produit du sol et les besoins de la consommation.

Ce n'est donc ni des traités de commerce, ni de

l'abandon du système de l'échelle mobile, ni de la réduction des droits fiscaux à l'importation des céréales, ni de l'impôt foncier, ni des octrois, ni du prix du froment que provient le mal dont se plaint l'agriculture.

Essayons de le démontrer en examinant successivement ces diverses propositions, à chacune desquelles il est nécessaire de consacrer un chapitre particulier.

CHAPITRE VI.

DE L'INFLUENCE DE LA LIBERTÉ COMMERCIALE

SUR LES INTÉRÊTS AGRICOLES.

La question de la liberté commerciale paraît aujourd'hui jugée. Après d'éclatants débats, le sentiment général du pays est resté du côté de cette grande réforme. Que l'industrie française ait eu à souffrir dans ses intérêts à l'avénement du régime nouveau, cela n'est guère contestable, mais elle doit s'en imputer la faute dans une certaine mesure. C'est, en effet, le propre de l'industrie protégée de s'endormir sur l'oreiller que les lois économiques lui font au préjudice des intérêts généraux ; de ne point se préparer, de ne point s'outiller pour la lutte, et de rester sourde aux avertissements précurseurs d'un système plus éclairé, plus juste entre les intérêts rivaux de la production et de la consommation.

Cependant, une fois secouée de sa torpeur et engagée dans l'action, l'industrie nationale a prouvé, avec profit pour elle-même, qu'elle n'a rien à redouter de la concurrence étrangère ; elle l'a prouvé en égalant la concurrence étrangère pour le prix et la bonne condition de l'œuvre, en la surpassant par l'art et le goût.

Quant à l'agriculture, qu'elle plainte sensée pourrait-elle élever sur ce sujet ? Le nouveau régime économique ne l'a pas seulement affranchie de droits de douane onéreux sur les matières premières nécessaires à l'outillage agricole, il a, en outre, élargi le marché des produits nombreux et variés du sol et de la ferme autres que les céréales. Certains de ces produits, le beurre, les œufs, les fruits, ont doublé et parfois triplé de prix depuis quelques années.

L'industrie a signalé, à diverses reprises, certains défauts préjudiciables à ses intérêts dans les traités qui ont inauguré la liberté commerciale. Si cette appréciation est légitime, si elle s'accorde avec le double intérêt du producteur et du consommateur, il faut lui venir en aide dans ce qu'elle a de sain et d'exact, et hâter les modifications que l'expérience, l'esprit de justice et le bon accord ne peuvent manquer de faire prévaloir; mais pour l'agriculture, dont l'intérêt seul ici en relief est heureusement en communauté avec celui de la consommation générale, le résultat de la liberté commerciale est un bienfait et un profit.

CHAPITRE VII.

DU SYSTÈME DE L'ÉCHELLE MOBILE ET DU DROIT FISCAL SUR L'IMPORTATION DES CÉRÉALES.

I

Peu de questions ont été aussi souvent débattues et plus diversement résolues que celle de la liberté du marché des céréales. Il n'en est guère, à la vérité, dont la solution dépende davantage d'événements imprévus et puisse être, au même degré, influencée par les circonstances exceptionnelles. Aussi loin qu'il soit permis de remonter dans les annales de l'ancien régime sur cette matière, on trouve le législateur préoccupé sans cesse non pas d'entraver l'importation étrangère, toujours permise, toujours sollicitée, souvent récompensée, mais du soin de concilier deux intérêts contradictoires également respectables : l'intérêt de celui qui produit et l'intérêt de celui qui ne peut se passer de la production. Le législateur a-t-il toujours été heureusement inspiré et a-t-il toujours réussi dans la tâche qu'il s'est lui-même imposée sur ce point particulier? Ses propres aveux permettent d'en douter, et d'ajouter que lorsqu'il s'est écarté de la neutralité, son ingérence a été funeste à l'intérêt qu'il a voulu servir. En face des questions redoutables soulevées par l'insuffisance des récoltes, le libre commerce des grains à l'extérieur comme à l'intérieur sera toujours la meilleure des prévisions, la plus sage des mesures. Les entraves et la réglementation, loin de calmer les alarmes, surexcitent les imaginations et provoquent une hausse factice que la libre concurrence commerciale et la libre circulation auraient à coup sûr épargnée.

Le passé abonde en exemples qui justifient cette vérité, attestée d'ailleurs par une foule d'anciennes ordonnances dont le rappel n'aurait ici qu'un médiocre intérêt historique. Défense d'exporter les blés à l'étranger et même de province à province; permission d'exporter à de rares intervalles, « à raison de l'abondance; » visites des magasins et greniers; injonction de porter les grains et farines aux marchés publics; fixation de leur prix et pénalités contre les accapareurs, tels sont en substance les expédients ordinaires de l'ancien régime en cette matière. Cependant, au milieu du dernier siècle, une réaction, due au progrès de la science économique, aboutit à faire modérer la rigueur des règlements. Un édit, daté de Compiègne, juillet 1764, et souvent invoqué depuis dans les dissertations sur la matière, renferme une remarquable exposition de principes : « Nous avons cru, y est-il dit, devoir déférer aux instances qui nous ont été faites pour la libre exportation et importation des grains et farines, comme propre à animer et à étendre la culture des terres, dont le produit est la source la plus réelle et la plus sûre des richesses d'un État ; à entretenir l'abondance par l'entrée des grains étrangers ; à empêcher que les blés ne soient à un prix qui décourage le cultivateur ; à entretenir, enfin, entre les différentes nations, cette communication d'échange du superflu contre le nécessaire, si conforme à l'ordre établi par la divine Providence. » Suivent des dispositions conformes ; mais une exception qu'on peut considérer comme l'idée-mère du système de l'échelle mobile appliquée à l'exportation, était faite en ces termes : « Pour ne laisser aucune inquiétude à ceux qui ne sentiraient pas encore assez les avantages que doit procurer la liberté d'un tel commerce, il nous a paru nécessaire de fixer un prix au grain, au delà duquel toute exportation du royaume serait interdite, dès que le blé-froment serait monté à ce prix (1) durant trois années.

-----

(1) 12 livres 10 sous le quintal (19 fr. l'hectolitre). Le quintal de l'époque était une mesure de capacité équivalant à 64 lit. 47 cent. pour le blé, 1 hect. 23 lit. 43 cent. pour l'avoine et 75 lit. 43 cent. pour l'orge.

Malgré ces actes de l'autorité souveraine, le commerce des grains ne jouit qu'imparfaitement et à de rares intervalles de la liberté relative qu'ils avaient accordée, et avec l'insuffisance des récoltes, causes d'émeutes populaires dans les provinces, paraissent de nouveau les expédients et les mesures arbitraires. Cependant, au début d'un nouveau règne, un arrêt du Conseil (13 septembre 1774), inspiré par un grand ministre, rétablit les dispositions d'une déclaration précédente relative à la liberté du commerce des grains à l'intérieur : « L'expérience, y est-il dit, prouve que la voie du commerce libre est, pour fournir aux besoins du peuple, la plus sûre, la plus prompte, la moins dispendieuse et la moins sujette aux inconvénients. Plus le commerce est libre, animé, étendu, plus le peuple est promptement, efficacement et abondamment pourvu ; les prix sont d'autant plus uniformes, ils s'éloignent d'autant moins du prix moyen et habituel sur lequel les salaires se règlent nécessairement. »

Ces sages réflexions sont corroborées par celles-ci, placées en tête d'une déclaration datée de Versailles, 17 juin 1787 : « Il n'est pas rare que les vérités politiques aient besoin du temps et de la discussion pour acquérir une sorte de maturité; ce n'est qu'insensiblement que les préjugés s'affaiblissent, que les fausses lumières se dissipent, et que l'intérêt

commun, inséparable de la vérité, finit par prévaloir et subjuguer tous les esprits. Il est maintenant
reconnu que les mêmes principes qui réclament la
liberté de la circulation des grains à l'intérieur, sollicitent aussi celle de leur commerce avec l'étranger ;
que la défense de les exporter quand leur prix s'é-
lève au-dessus d'un certain taux est inutile, puisqu'ils
restent d'eux-mêmes partout où ils deviennent trop
chers ; qu'elle est même nuisible parce qu'elle effraie
les esprits, presse les achats dans l'intérieur, resserre
le commerce et repousse l'importation ; enfin, que
toute hausse de prix déterminée par la loi pouvant
être provoquée, pendant plusieurs marchés consé-
cutifs, par des manœuvres coupables, elle ne saurait indiquer ni le moment où l'exportation pourrait
sembler dangereuse, ni celui où elle est encore nécessaire. »

II

Tels sont les principes adoptés, sinon suivis, au
moment où éclate la Révolution de 1789.

On sait les vicissitudes du commerce des grains
durant la période révolutionnaire et le premier Empire. L'Assemblée constituante, en même temps
qu'elle décrétait, le 27 août 1789, la liberté de la
vente et de la circulation des grains à l'intérieur,

en prohibait l'exportation à l'extérieur. La Convention nationale maintenait cette prohibition avec peine de mort pour sanction ; elle ordonnait le recensement des grains et fixait le prix maximum du froment à 14 livres le quintal (64 l. 47 c.) ; puis, sous la pression plus impérieuse encore des circonstances, elle décrétait un nouveau maximum sur les grains, foins, pailles et fourrages, et fixait dans chaque district le prix du froment d'après le prix commun de 1790, augmenté des deux tiers. L'amende pour vente à un prix supérieur au maximum, égale pour la première fois au prix de la denrée vendue, était doublée, triplée, quadruplée à chaque récidive.

Bientôt, des récoltes abondantes permettent d'adoucir ces mesures (loi du 26 ventôse an v) et même d'autoriser l'exportation, en 1806, moyennant un droit progressif de sortie, tant que le prix du froment ne s'élèverait pas au-dessus de 24 fr. l'hectolitre ; mais l'exportation ayant été de nouveau interrompue en 1810, et la mauvaise récolte de l'année suivante ayant suscité des appréhensions exagérées de disette, le gouvernement eut recours aux expédients décriés de l'ancien régime et de la Convention pour l'approvisionnement des marchés et la fixation du prix des grains. Ce fut l'objet de deux décrets rendus à quatre jours d'intervalle, les 4 et 8 mai

1812, et précédés de considérations en désaccord avec les principes des anciens édits. Le premier de ces décrets constate d'abord que les grains existants forment une masse, non-seulement égale, mais supérieure à tous les besoins : « Mais, poursuit-il, cette proportion générale entre les ressources et la consommation ne s'établit dans chaque département qu'au moyen de la circulation, et cette circulation devient moins rapide lorsque la précaution fait faire aux consommateurs des achats anticipés et surabondants, lorsque le cultivateur porte plus lentement aux marchés, lorsque le commerçant diffère de vendre et que le capitaliste emploie ses fonds en achats qu'il emmagasine pour les garder et provoquer le surenchérissement, etc. » — Le second décret ajoute au premier, pour une durée de quatre mois, le régime du maximum avec ses violences. « Ces mesures salutaires (celles du premier décret), y est-il dit, ne suffisent pas pour remplir l'objet principal que nous avons en vue, qui est d'empêcher un surhaussement tel que le prix des subsistances ne serait plus à la portée de toutes les classes de citoyens. Nous avons d'autant plus de motifs de prévenir cet enchérissement, qu'il ne serait pas l'effet de la rareté effective des grains, mais le résultat d'une prévoyance exagérée, de craintes mal entendues, de vues d'intérêt personnel, des spéculations de la cupidité

qui donneraient aux denrées une valeur imaginaire
et produiraient par une disette factice les maux
d'une disette réelle. » C'est pourquoi il était défendu
de faire aucun achat ou approvisionnement de grains
ou farines pour les garder, les emmagasiner ou en
faire un objet de spéculation ; prescrit à tout indi-
vidu ayant un magasin de grains et farines, à tout
fermier ou propriétaire ayant des grains, d'en faire
la déclaration, et de conduire dans les halles et marchés qui leur seraient indiqués la quantité nécessaire
pour les tenir suffisamment approvisionnés ; ordonné
que dans les marchés des départements de la Seine,
Seine-et-Oise, Aisne, Oise, Eure-et-Loir, les grains
ne pourraient être vendus à un prix excédant 33 fr.
l'hectolitre ; que pour les autres départements les
préfets feraient la fixation des blés conformément
aux instructions du ministre du commerce ; enfin
que ces dispositions ne seraient pas applicables aux
départements où le prix du blé n'excéderait pas
33 fr. l'hectolitre (1).

Nous voilà loin des sages principes des édits de
la fin de l'ancien régime. En face des besoins de

____

(1) Le prix du froment, qui le lendemain de ce décret (9 mai)
était de 50 fr. 65 c. l'hectolitre au marché de Compiègne, y fut
abaissé uniformément à 33 fr. jusqu'au 15 août suivant. (*Mercuriales officielles de la municipalité.*)

l'alimentation générale et des craintes de disette, les principes seront le plus souvent dominés par les nécessités plus ou moins exagérées du moment. Les décrets de 1812 en sont le témoignage. Il serait superflu de rechercher si, à cette époque, les nécessités étaient de nature à motiver les mesures arbitraires rééditées par ces décrets; il sufffit, sans entendre les justifier, d'incliner à concilier, au milieu de conjonctures véritablement exceptionnelles, les nécessités présentes avec des principes absolus en une matière qui ne les comporterait pas toujours sans danger, et à laquelle se rattachent des circonstances extrêmement variables par leurs causes, leur étendue, la mobilité et les exigences du sentiment public.

III

Mais arrivons à des temps plus calmes et plus prospères.

Sous la Restauration, une loi du 2 décembre 1814, en déclarant libre la sortie des grains, farines et légumes au simple droit de balance, avait cependant fait une réserve en vue de laquelle les départements frontières étaient divisés en trois classes. L'exportation était suspendue lorsque le blé froment atteignait certain prix dans ces départements, selon la classe; elle fut d'ailleurs interrompue par un décret du 31 mai 1815. Quant à l'importation, taxée par une loi de douane du 28 avril 1816 à un droit de 50 centimes par quintal métrique, elle fut au contraire, à raison des circonstances, primée quelques mois plus tard; puis une loi du 14 juillet 1819, motivée sur les plaintes des producteurs, l'assujettit de nouveau à un droit protecteur dont elle éleva la quotité.

Tel était l'état de la législation sur le commerce des grains, lorsqu'une loi du 14 juillet 1821, applicable à la fois à l'importation et à l'exportation, vint compléter le système déjà inauguré en partie par la loi de 1819 et auquel on a donné le nom *d'échelle mobile*. Dans ce système, le prix du froment, du seigle et du maïs est la règle unique en matière d'entrée et de sortie pour les diverses espèces de grains et pour les farines qui en proviennent, et le système lui-même repose sur une série de droits variables suivant la baisse ou la hausse de ce prix. Les prix s'abaissent-ils sur les marchés français? les droits à l'importation s'élèvent afin de protéger l'agriculture contre la concurrence étrangère, et les droits à la sortie diminuent pour faciliter le placement à l'extérieur de l'excédant des produits indigènes. Au contraire, les prix s'élèvent-ils à l'intérieur? les droits à l'importation s'abaissent dans le but de faciliter l'entrée aux grains étrangers, au profit de la consommation, et les droits à l'exportation augmentent afin d'entraver l'écoulement des approvisionnements indigènes à l'extérieur. L'importation était prohibée lorsque le prix du froment indigène était descendu à 24, 22, 20 et 18 francs l'hectolitre, selon la classe des départements frontières, et l'exportation était défendue lorsque le prix dépassait dans les mêmes départements 26, 24, 22 et 20 francs, toujours selon la classe.

Le système de l'échelle mobile n'avait pas son moindre défaut dans sa complication. Modifié à plusieurs reprises (25 octobre 1830 et 15 avril 1832), ses effets ont été suspendus en 1847 jusqu'au 1er février 1848, puis en 1853 jusqu'au mois de mai 1859, et il a été définitivement supprimé par une loi du 15 juin 1861. Les avantages de cette suppression, contestés d'abord, ont été reconnus par la grande majorité des déposants dans l'enquête agricole.

IV

La raison ou le but du droit fiscal à l'entrée des céréales de provenance étrangère, c'est, a-t-on dit, de compenser, dans une certaine mesure, le prix de revient des céréales entre les pays étrangers et la France, le fermage, l'impôt foncier, les frais divers étant généralement plus élevés en France que dans les autres pays de production et d'exportation du blé. Mais de nombreuses divergences se sont fait jour entre les publicistes et parmi les déposants à l'enquête agricole sur la justice, l'utilité et le taux de ce droit fiscal. Les uns l'ont contesté en principe ; d'autres en ont demandé la conservation au taux actuel (50 cent. par 100 kilog. sur le blé, l'épeautre et le méteil) ; d'autres encore, et c'est le plus grand nombre, en ont sollicité l'élévation dans des proportions différentes.

Au fond, le droit fiscal à l'entrée des céréales de provenance étrangère est un véritable droit de protection, les grains étrangers n'arrivant en concurrence sur les marchés français que surélevés proportionnellement dans leur prix. Il y a donc lieu de rechercher si un pareil impôt est utile autrement que pour la ressource qu'il procure au Trésor public. La solution de ce premier point préjugera d'ailleurs la question de l'aggravation du droit en vigueur aujourd'hui.

A cet égard, il est nécessaire de distinguer :

Quand la production indigène dépasse sensiblement les besoins de la consommation, le droit fiscal, réduit ou élevé, devient sans objet ; l'occasion d'en faire l'application s'évanouit d'elle-même, car la production étrangère cessant de trouver une rémunération suffisante dans l'introduction des céréales sur des marchés pourvus en abondance, leur importation est à peu près nulle. Dans ce cas, le droit fiscal, loin d'être utile, peut fournir motif à des représailles sur l'exportation de l'excédant de la production indigène.

Mais quand, au contraire, la production nationale étant insuffisante, la France est obligée de demander à l'importation étrangère de combler un déficit considérable, tout droit appliqué à l'entrée des céréales, qu'il se nomme balance, fiscal ou protecteur, est inconciliable avec l'équité aussi bien qu'avec les nécessités de la consommation.

Le Gouvernement l'a bien compris, quand il a suspendu en temps de cherté excessive le système de l'échelle mobile, dont les effets ne différaient pas de ceux du droit fiscal par leurs résultats.

Inutile dans les années d'abondance, le droit fiscal est donc désastreux dans les années de disette, son effet étant de surélever le prix des denrées importées et d'aggraver les difficultés de l'approvisionnement. Le tableau suivant des excédants d'importation et d'exportation, depuis un demi-siècle, peut servir, par ses chiffres, à faire apprécier l'injustice, le danger même des droits fiscaux en temps de cherté de grains.

Excédant de l'importation sur l'exportation.			Excédant de l'exportation sur l'importation.		
ANNÉES	NOMBRE D'HECTOLITRES.	PRIX MOYEN d'après les mercuriales pour toute la France.	ANNÉES	NOMBRE D'HECTOLITRES.	PRIX MOYEN d'après les mercuriales pour toute la France.
1819	1,418,544	17,50	1822	71,250	14,81
1820	489,066	18,43	1823	88,860	17,06
1821	546,479	17,35	1824	216,446	15,46
1823	451,438	14,90	1826	454,307	15,36
1828	967,903	24,71	1827	452,721	17,53
1829	1,513,459	22,32	1834	274,303	14,65
1830	1,922,501	21,84	1835	284,803	14,75
1831	909,426	22,03	1836	403,694	16,28
1832	4,243,564	22,23	1837	204,906	17,32
1833	258,864	16, »	1838	567,510	19,34
1839	378,243	22,50	1841	716,987	18,19
1840	2,036,822	22,09	1842	314,607	19,44
1843	1,728,225	19,96	1848	720,499	16,27
1844	2,085,482	18,98	1849	3,027,932	15,39
1845	298,660	18,72	1850	4,463,925	14,33
1846	4,664,057	23,53	1851	4,900,829	14,63
1847	8,954,567	20,46	1852	2,457,408	17,49
1853	3,720,763	23,59	1858	4,697,327	20,15
1854	5,373,457	29,09	1859	6,716,847	16,74
1855	3,502,473	29,37	1860	4,056,966	20,24
1856	8,677,443	30,22	1864	1,243,344	17,58
1857	3,478,193	23,83	1865	4,422,956	16,44
1861	12,502,038	24,55	1866	6,498,752	19,61
1862	5,748,050	23,24			
1863	1,643,748	19,78			
1867	8,755,847	26,18			
1868	10,367,984	26,65			
	96,036,393			46,054,146	

Les résultats constatés dans le tableau qui précède sont des plus saisissants. — Des quarante-deux années écoulées entre l'introduction du système de l'échelle mobile et son abolition (1819-1860), vingt-deux années accusent une insuffisance, et vingt autres un excédant de production. Durant plus de la moitié de cette période, la production du blé en France a été inférieure aux besoins de la consommation. Et quelle éloquence dans les chiffres ! Balance faite, l'importation l'emporte sur l'exportation de 23 millions d'hectolitres, et l'excédant des prix payés à l'importation sur les prix reçus à l'exportation s'élève à la somme énorme de 867 millions, chiffre rond. Durant les années suivantes (1861-1868) même résultat : cinq années d'excédant pour l'importation, et trois années où le pas appartient à l'exportation. En un mot, depuis un demi-siècle (1819-1868), la production du blé a été inférieure vingt-sept fois, et supérieure vingt-trois fois aux besoins de la population ; l'importation étrangère a dépassé l'exportation de 50 millions d'hectolitres et en valeur, au taux des mercuriales, de 1,625 millions.

En face d'un pareil bilan de la production et de la consommation indigène du blé durant les cinquante dernières années, on se demande de quel poids douloureux l'échelle mobile et les droits fis-

caux supplémentaires ont pesé sur la consommation.
et s'il serait possible à un Gouvernement de ne point
les suspendre en temps de cherté, s'ils existaient
encore, comme il fut fait en 1847 et 1853? Maintenir les droits fiscaux à l'entrée des céréales étrangères en temps de disette, c'est jouer au profit du
Trésor et des gros producteurs indigènes le rôle
odieux que jouèrent au profit d'eux-mêmes les orga-
nisateurs funestes du pacte de famine à la fin du
règne de Louis XV, et ce rôle, l'agriculture française, qui ne séparera jamais ses propres intérêts
des idées d'humanité et de justice, le repousse de
toutes ses forces.

CHAPITRE VIII

L'impôt foncier est une charge de la propriété, non de la production agricole. En réalité, c'est le propriétaire qui le supporte, bien que l'acquit en soit ordinairement fait à sa décharge par l'exploitant. Dans la prévision commune, le loyer de la terre est diminué de l'impôt que le bail met au compte du fermier. Cela est si vrai, que si l'impôt foncier venait à disparaître, le loyer de la terre augmenterait aussitôt dans une proportion égale à l'impôt supprimé : sa suppression profiterait au propriétaire, nullement à l'agriculteur.

Une explication cependant : cette proposition n'est rigoureusement exacte qu'en face d'une suppression à peu près absolue, et la diminution ou l'augmentation d'un nombre modéré de centimes sur la contribution foncière serait sans influence dans les transactions aussi bien que sur le prix du fermage. Dans ce cas, de même que l'augmentation serait une charge nouvelle pour l'exploitant, la diminution lui serait profitable, et tel a été, en effet, le résultat de la suppression, faite en 1850, des centimes additionnels sans affectation spéciale afférents à la contribution foncière. L'agriculture, chargée de l'impôt par les baux à ferme, a seule profité et profite encore, aujourd'hui, de ce dégrèvement considérable. Sous ce rapport, la loi du 7 août 1850, rendue par l'Assemblée nationale et portant fixation du budget des recettes de l'exercice 1851, est assurément l'une des plus favorables que l'agriculture ait eu à enregistrer. Par elle, les charges foncières ont été allégées d'environ 25 millions par année, et le droit d'enregistrement des actes d'obligation et de libération a été réduit de moitié. Malheureusement, cette dernière faveur n'a eu qu'une courte durée ; elle a été abrogée, sans autre motif que celui des besoins du Trésor, par la loi de finances du 5 mai 1855.

Les évaluations d'après lesquelles l'impôt foncier est annuellement réparti ont pour objet le revenu de la matière imposable. Remontant à l'année 1821, elles ont cessé depuis longtemps de représenter, avec l'exactitude approximative qu'il est raisonnable de demander à un travail de ce genre, la richesse territoriale respective des départements ; elles se sont modifiées d'une manière très-sensible, profitable aux uns, préjudiciable aux autres, et il ressort des comparaisons actuelles une foule d'injustices. Telle matière imposable a subi une dépréciation dans son revenu comme dans sa valeur, et telle autre s'est au

contraire augmentée sous ce double rapport, sans
que la proportion respective admise en 1821 pour
l'assiette de la contribution foncière ait été changée
sur les registres matricules. De vives et nombreuses
réclamations élevées à ce sujet ont attiré l'attention
des commissions de finances, mais l'administration
a toujours hésité devant l'immensité de la tâche et
peut-être aussi devant les inconvénients et les con-
flits qu'une telle opération ne pourrait manquer de
soulever. L'excellente loi du 7 août 1850 avait cependant prescrit (art. 2) qu'aussitôt après sa promulga-
tion « le Gouvernement prendrait les mesures nécessaires pour qu'il fût procédé, dans un bref délai, à
une évaluation des biens territoriaux, » mais cette
forme impérative ne pouvait supprimer les difficultés d'une tâche aussi considérable, et cette partie de
la loi, malgré l'appui qu'elle devait trouver dans le
dégrèvement notable qui la précédait, est restée sans
exécution. Espérons que ce grand travail, si digne
de l'énergie, de la régularité, des lumières de l'administration française, et qu'une foule d'intérêts col-
lectifs ou privés sollicitent au nom de la justice distributive, trouvera un jour, dans la possibilité d'un
nouveau dégrèvement et dans la faveur des circonstances, son heure et son opportunité.

Quoi qu'il en soit, grâce à la loi de 1850, à laquelle une loi de finances de la Restauration (31 juil-

let 1821) a servi d'exemple, la contribution foncière, loin d'avoir suivi la marche ascendante du capital et du revenu de la propriété territoriale, est aujourd'hui inférieure dans son chiffre total à celle répartie il y a cinquante années. En consultant les divers budgets on la trouve en recette pour l'année 1819 à 211,050,403 fr., pour 1839 à 189,262,584 fr. et pour 1869 à 171,075,390 fr. L'écart en faveur des contribuables entre le premier et le dernier de ces budgets est de près de 40 millions, malgré l'augmentation à laquelle a donné lieu la propriété bâtie durant cette période (1).

Ces considérations, on le remarquera, ne concernent que l'impôt foncier en principal, celui qui revient à l'État, non les centimes départementaux et communaux qui ont cet impôt pour base et lui viennent en addition. Les centimes additionnels à la contribution foncière ont augmenté dans une proportion considérable, le double, depuis trente ans. Ils sont portés au budget de 1839 pour 72,378,195 fr. et

---

(1) La contribution personnelle et mobilière portée au budget de 1819 pour 27,161, 254 fr. et celle des portes et fenêtres inscrite dans le même budget pour 12,812,614 fr., sont au budget de 1869 de 44,199,459 fr. et de 32,907,079 fr. en principal; mais cette différence, résultat de l'augmentation très-considérable de la propriété bâtie, est sans affinité avec la contribution foncière.

au budget de 1869 pour 141,654,114 fr. Il existera toujours dans leur chiffre une variété sensible mais dont les effets sont bien différents de ceux de l'impôt principal affecté aux dépenses de l'État. Pourvu que les centimes additionnels soient en rapport avec la richesse locale et sagement répartis en une série suffisante d'annuités ; pourvu qu'ils ne servent pas à des dépenses improductives exagérées, mais à l'établissement ou à l'amélioration de chemins vicinaux, communaux et ruraux, à des travaux et à des services utiles dans le département et la commune, le contribuable n'aura pas à les regretter, car ces travaux, ces améliorations facilitent dans la localité même les débouchés, les transports, la concurrence, la consommation, toutes choses dont il retire un profit immédiat et certain.

En résumé, tant que les charges de l'État ne permettront pas de réduire de nouveau l'impôt foncier, il sera nécessaire aux intérêts légitimes de l'agriculture de conserver aux bases de la répartition de cet impôt leur fixité, et d'éviter des variations en hausse portant le trouble dans les calculs sur le prix de revient des produits. L'impôt foncier, dégrevé à plusieurs reprises, moins élevé aujourd'hui qu'en 1819, est d'ailleurs absolument étranger à la crise agricole actuelle. On verra plus loin que c'est sur d'autres impôts, sur d'autres charges que la propriété foncière et son exploitation ont le droit et le devoir d'exposer leurs griefs et leurs justes réclamations.

Nous transcrivons ici, comme document curieux, un tableau indiquant la quotité de l'impôt foncier par hectare cultivé dans chaque département, en y ajoutant la moyenne par hectare, obtenue en divisant l'impôt foncier par l'étendue totale du département.

DÉPARTEMENTS PAR ORDRE D'IMPORTANCE
DE LA CONTRIBUTION FONCIÈRE EN PRINCIPAL.

NOTA. — Le chiffre de la 1re colonne représente la quotité de l'impôt foncier en principal par hectare cultivé. Il est extrait de la *Statistique de France* (vol. Agriculture). — Le chiffre de la 2e colonne représente la moyenne par hectare obtenue par l'auteur, en divisant l'impôt foncier en principal tel qu'il est porté au budget des recettes de 1869, par l'étendue totale du département, d'après l'*Annuaire du bureau des longitudes.*

Seine	10 38	218 96	Maine-et-Loire	3 40	3 77
Seine-Inférieure	6 40	9 00	Sarthe	3 04	3 75
Calvados	6 09	7 04	Saône-et-Loire	3 02	3 49
Nord	6 00	8 27	Hérault	2 97	4 04
Manche	5 32	5 82	Moselle	2 83	3 34
Eure	4 92	5 51	Puy-de-Dôme	2 75	3 03
Seine-et-Marne	4 76	5 48	Côte-d'Or	2 73	3 08
Seine-et-Oise	4 62	6 65	Charente	2 72	3 20
Oise	4 42	4 80	Isère	2 70	2 99
Somme	4 36	5 33	Mayenne	2 69	3 49
Tarn-et-Garonne	4 13	4 49	Meurthe	2 68	2 96
Rhône	4 08	9 55	Tarn	2 58	2 94
Pas-de-Calais	4 05	4 74	Loire	2 55	3 50
Bas-Rhin	3 82	4 30	Aude	2 55	2 88
Lot-et-Garonne	3 65	4 01	Ille-et-Vilaine	2 53	3 04
Orne	3 59	3 96	Haute-Saône	2 52	2 83
Eure-et-Loir	3 49	3 78	Gard	2 48	3 26
Haut-Rhin	3 42	4 13	Jura	2 48	2 75
Haute-Garonne	3 45	3 77	Gers	2 45	2 65
Charente-Inférieure	3 12	3 64	Meuse	2 27	2 51
Aisne	3 12	3 91	Côtes-du-Nord	2 26	2 53

Lot.	2 25	2 44	Nièvre	1 66	1 97
Deux-Sèvres	2 48	2 53	Var	1 63	2 09
Vendée	2 46	2 43	Vienne	1 56	1 82
Yonne	2 42	2 49	Aveyron	1 54	1 70
Dordogne	2 11	2 38	Pyrénées-Orientales	1 50	1 78
Ardennes	2 09	2 59	Ardèche	1 43	1 68
Aube	2 08	2 48	Haute-Vienne	1 43	1 73
Loiret	2 07	2 88	Corrèze	1 37	1 48
Vosges	2 06	2 03	Indre	1 27	1 54
Indre-et-Loire	2 02	2 74	Cher	1 21	1 48
Gironde	2 00	3 45	Ariège	1 21	1 25
Haute-Marne	1 97	2 30	Hautes-Pyrénées	1 19	1 29
Loire-Inférieure	1 95	2 59	Creuse	1 19	1 32
Ain	1 89	2 47	Hautes-Alpes	1 06	0 91
Haute-Loire	1 89	2 40	Lozère	1 05	1 46
Marne	1 89	2 39	Basses-Pyrénées	0 97	1 21
Vaucluse	1 84	2 68	Basses-Alpes	0 89	0 89
Bouches-du-Rhône	1 81	4 35	Landes	0 74	0 83
Morbihan	1 79	2 23	Corse	0 46	0 21
Cantal	1 79	1 96	Alpes-Maritimes	0 00	1 58
Allier	1 78	1 92	Haute-Savoie	0 00	1 22
Loir-et-Cher	1 76	2 46	Savoie	0 00	1 03
Doubs	1 75	2 41			
Finistère	1 74	2 31			
Drôme	1 68	1 93	Moyenne	2 46	5 78

Dans tous les pays il existe un impôt foncier. Les objections tirées de la différence entre le taux de cet impôt en France et celui des pays voisins, pour le calcul du prix de revient des produits agricoles, nous auraient porté à rechercher les éléments de cette différence, s'il avait été possible de les condenser avec exactitude. Mais dans la plupart des pays, à côté de l'impôt foncier, existent des charges locales, des taxes diverses qui lui viennent en addition et n'ont pas d'équivalent en France ; de là de graves difficultés pour la réunion des éléments divers qui constituent la contribution purement territoriale dans les pays limitrophes. Il faut en excepter toutefois la Belgique, dont le système d'impôt foncier est parfaitement identique au système français. Or, la superficie du territoire de la France étant de 54,305,141 hectares, et la contribution foncière de 171,075,390 fr. en principal pour 1867, la moyenne de l'impôt foncier pour chaque hectare serait de 3 fr. ; tandis que la superficie du territoire belge était de 2,945,500 hectares, et sa contribution foncière (en 1865), de 18,800,000 fr. (1), le rapport de cet impôt à l'hectare serait de 6 fr., chiffre rond. L'impôt foncier, en Belgique, serait donc, relativement, du double de l'impôt foncier français, par hectare sur la superficie générale du territoire.

---

(1) *L'Europe politique et sociale*, par M. Maurice Block, 1869, p. 521.

CHAPITRE IX.

I

Nous arrivons à la question ardue des octrois.

Depuis quelques années, les octrois sont devenus l'objectif d'attaques plus ou moins passionnées. L'intérêt de la production et l'intérêt de la consommation ont été invoqués ensemble ou tour à tour contre ce système de taxe, et le nom de l'agriculture a joué dans la discussion un rôle fort en relief. Il faut confesser, cependant, que si au premier aspect les arguments des adversaires des octrois peuvent se soutenir en face des tarifs de Paris et de trois ou quatre autres grands centres de population, ils ne sont guère que spécieux appliqués partout ailleurs, et peu faits pour dégager le débat des contradictions et des obscurités qui s'y trouvent.

A coup sûr, si le régime des octrois n'existait pas en France, on ne pourrait songer de nos jours à l'inventer, et sans oublier que les inconvénients comme les avantages préconisés par la théorie ne sont pas toujours réalisés au même degré dans la pratique, il faut reconnaître que ce régime avec ses barrières, ses visites, ses aguets, ses bascules, ses sondes, ses poinçons, ses mètres, ses pèse-liqueurs, ses escortes, ses laissez-passer, ses passe-debout, etc., est d'un autre âge, en désaccord avec l'état présent de la science économique. S'ensuit-il qu'il soit nuisible aux intérêts des producteurs; que sa suppression intéresse particulièrement l'agriculture; qu'il soit un obstacle permanent au développement de la consommation; en un mot, qu'il y ait à lui reprocher, après les exagérations de certains tarifs et l'improportionnalité de certaines taxes, autre chose que le mode suranné, vexatoire et coûteux de sa perception? C'est ce que nous nous refusons à croire; et pour justifier cette opinion, il suffira d'examiner, sous un rapide coup d'œil, le régime des octrois dans ses rapports avec la production, le consommateur et la consommation, avec les charges qu'il impose et les avantages qu'il procure à ceux qui le supportent.

II

Les taxes d'octroi ne constituent qu'un impôt de consommation, non de production, impôt supporté par le consommateur, les objets tarifés par l'octroi n'arrivant en ses mains que surélevés d'autant dans leur prix. L'agriculture, industrie de production par excellence, en est-elle affectée et en souffre-t-elle sous aucune forme?.... Le prélèvement du dixième du produit des octrois, opéré au profit du **Trésor** public jusqu'en 1852 ; les dépenses de casernement et d'occupation des lits militaires, mises à la charge des villes à octroi dans leur enceinte ; les droits de timbre des quittances, etc., ont au contraire augmenté et continuent d'accroître des ressources qui profitent à l'agriculture comme à toutes les branches de l'administration publique.

Pour le consommateur, en cette matière le seul contribuable, nous le répétons, les taxes d'octroi ne sont qu'une question raisonnée et pratique de mesure. Pourvu que leur tarif soit circonscrit, modéré, aussi bien dans le choix et la nomenclature des objets soumis aux droits que dans les droits eux-mêmes, ces taxes ne constituent pas une charge réelle pour le consommateur et ne sont pour lui qu'un impôt d'assurance. Elles lui assurent, en effet, les avantages nombreux et divers si justement recherchés, selon leur condition, par les familles autour de leur foyer: la gratuité des salles d'asile, des écoles primaires, des cours communaux ; l'instruction secondaire dans des établissements de plein exercice, moyennant une faible rétribution collégiale ; les services d'éclairage et de distribution d'eau sur la voie publique ; l'assistance sous toutes les formes ; la police, la sécurité et l'amélioration constante de la cité. — Acquittées jour par jour, centime à centime, en exonération de charges qui seraient bien autrement pesantes dans le budget de chaque ménage, les taxes d'octroi coûtent certainement moins d'efforts aux habitants des villes où elles sont établies, que n'en coûte aux contribuables des mêmes villes la seule contribution foncière, pourtant inférieure ordinairement de plus des deux tiers aux produits de l'octroi.

III

Quant à la consommation, l'expérience n'a pas prouvé que le développement en soit entravé par les taxes d'octroi, si ce n'est peut-être, car cette concession n'est pas de nous, par celles relatives à certaines denrées au sujet desquelles les tarifs de plusieurs grandes villes ont été signalés comme entachés d'exagération. Dans les villes — et la majorité en est très-considérable — où les taxes d'octroi sont modérées, leur réduction, leur suppression même serait absolument sans influence sur le prix des objets tarifés. Une taxe de 2 centimes par litre de vin, de 8/10 de centime par litre de cidre, de 2 centimes par litre de bière, de 2 centimes et demi par kilogramme de viande, de 5 centimes pour un lapin, etc., (1), une fois admise en compte dans le cours des denrées, est trop minime pour qu'une modération ultérieure soit prise en considération par le marchand ou par l'acheteur au détail ; qu'elle soit réduite ou supprimée, le prix restera sans variation à son sujet. Une première expérience faite à Paris en 1848, en ce qui concerne la viande de boucherie, l'a prouvé sans réplique, quoique la taxe supprimée en cette circonstance fût loin d'être modérée ; et il en a été de même d'une autre expérience, générale cette fois, faite en 1852, lorsque le gouvernement ayant renoncé au prélèvement du dixième affecté au Trésor, les taxes d'octroi en vigueur subirent une réduction proportionnelle ; le prix des denrées n'en fut nullement diminué, et dans l'intervalle de cette époque à l'application de tarifs nouveaux relevant les taxes, les octrois perdirent de ce chef, sans profit pour le producteur ni pour le consommateur, une différence dont le vendeur au détail fit seul bénéfice. — La consommation, et par là on doit entendre la consommation régulière, suffisante, utile, est donc à peu près désintéressée dans la question des octrois. Le développement en est-il entravé ou ralenti ? c'est à la

---

(1) Tarif d'octroi de la ville de Compiègne. Beaucoup de tarifs ont des taxes inférieures.

cherté sans cesse croissante des denrées qu'il faut en rapporter la cause, non à des taxes minimes, établies de longue date, s'acquittant sans effort et remplaçant des dépenses qui, si elles cessaient d'être collectives, seraient écrasantes dans les budgets particuliers. Une preuve sur ce point, tirée de documents authentiques :

Nous avons sous les yeux le résumé des comptes d'octroi, embrassant une période de 30 années (1837-1866) d'une ville de 9,000 habitants au début et de 12,000 à l'expiration de cette période. La taxe d'octroi sur la bière y est plus élevée que celle sur le vin, et cependant, durant les quinze dernières années, la consommation du vin a diminué de 50,000 hectolitres contre une augmentation de 60,000 hectolitres de bière ; comment expliquer cette prédominance de la bière dans la consommation, malgré sa taxe d'octroi supérieure, si ce n'est par le renchérissement du vin et de tant d'autres denrées indispensables aux besoins de la vie ? Ce renchérissement a produit dans les dépenses intérieures des familles un trouble profond, mais dont on méconnaîtrait singulièrement la cause en l'attribuant aux octrois, sous le prétexte d'une action qu'ils ne peuvent avoir sur la consommation, tant que les taxes restent modérées et ne font que couvrir des dépenses nécessaires dont le consommateur recueille seul le profit.

IV.

Les mêmes comptes serviront à établir par approximation la charge annuelle résultant des taxes d'octroi, pour une famille d'artisans composée de cinq personnes : le père, la mère et trois enfants de 5 à 12 ans. — En voici les éléments :

Vin, 6 hectol. à 2 fr.	12	»
Viande de bœuf, 208 kilog. à 0 fr. 2 c. 1/2.	5	20
Charcuterie, 50 kilog. à 0 fr. 03. . .	1	50
Vinaigre, 0 fr. 02 par litre ; huile, 0 fr. 03 par litre et divers.	2	»
Bois de chauffage, 6 stères à 0 fr. 30. .	1	80
Charbon de terre, 600 kilog. à 0 fr. 25.	1	50
Braise, poussier, menu charbon de bois, 100 kilog. à 0 fr. 40.	0	40
Total.	24	40
Par personne.	4	88

Pour la famille à laquelle s'appliquent ces détails, c'est une imposition municipale si faible qu'elle passe inaperçue dans la dépense journalière. Il suffit, du reste, d'un court examen pour s'assurer que ces chiffres, relevés sur le tarif et les comptes d'octroi d'une ville où les taxes, autres que celles relatives aux fourrages et aux matériaux, ont été en 1868 de

11 fr. 70 en moyenne par habitant, sont en rapport avec l'exacte observation des faits.

V.

Que l'on compare maintenant cette légère imposition, trop faible pour que le contribuable songe même à la limiter en bannissant de sa consommation toute superfluité taxée par l'octroi ; qu'on la compare aux avantages qu'il en retire, aux rétributions particulières qu'il aurait à supporter si les octrois venant à disparaître, les services rémunérés sur leur produit disparaissaient avec eux, et l'on sera forcé d'admettre qu'en réalité les taxes d'octroi ne sont autre chose — on l'a dit déjà — qu'une prime d'assurance largement réduite, et qu'on ne saurait songer à détruire sans la remplacer aussitôt par d'autres ressources certaines, équivalentes et à l'abri de la critique.

Mais ces ressources nouvelles, indispensables — les budgets communaux en font foi — à la bonne administration comme aux services municipaux des villes à octroi, comment les obtenir autrement qu'au moyen de centimes additionnels? Or, veut-on savoir à quoi cette transformation d'impôt aboutirait, par exemple, dans la ville dont les comptes d'octroi étaient relevés tout à l'heure? Tout simplement à

augmenter de plus de 125 p. 100 les quatre contributions directes, en principal, c'est-à-dire à une
proposition exorbitante et indigne d'une discussion
sérieuse (1).

Quand on s'attaque aux taxes d'octroi, quand on
en fait un grief au nom des intérêts de la production
et de la consommation, il est aisé de se faire applaudir des esprits superficiels, n'ayant sur cette matière
que des notions incomplètes, souvent en contradiction avec leurs intérêts propres ; mais ce n'est là
qu'un mirage trompeur, destiné à disparaître devant
un examen sérieux, embrassant à la fois les intérêts
divers, et devant la balance où les avantages pour
le consommateur l'emportent avec tant d'évidence
sur des charges qui, ne concernant que lui-même,
sont absolument étrangères au producteur.

Un des défauts propres à notre esprit politique,
c'est d'effleurer trop souvent les questions sans les
approfondir, sans les entourer toujours, autant
qu'elles le méritent, d'éclaircissements qui en ren-
draient la solution plus conforme à l'intérêt général
et plus facile dans l'application pratique. Nous mar-

---

(1) Principal des quatre contributions directes de la ville de
Compiègne pour 1869 : 139,765 fr. 52 ; centimes additionnels et
fonds de secours : 91,621 fr. 37 ; au total : 231,386 fr. 89. —
Produit de l'octroi de la même ville en 1868 : 186,724 fr. plus
droit de timbre : 6,183 fr. 80.

chons ainsi parfois à l'aventure, avant d'être pré-
parés par un examen suffisant, le meilleur guide en
toute matière. Il en a été ainsi dans les questions
relatives aux octrois. Aussi, malgré les débats qu'elles
ont engendrés, il n'est guère de matière fiscale moins
connue dans ses détails et dans ses effets économiques par le public, et où l'obscurité se soit maintenue avec plus de persistance. C'est ainsi que l'on
confond généralement les droits d'octroi perçus sur
les boissons par les villes, avec les autres droits
revenant à l'État sur les mêmes denrées et que le
budget de 1869 porte en prévision de recette pour
234,716,000 fr. Le consommateur, imposé de
45 fr. 32 c. à l'octroi de Paris pour l'introduction
d'une pièce de vin de toute provenance, serait peut-
être surpris de la remarque que, dans cette taxe, le
droit d'octroi est compris seulement pour 24 fr. 20
(11 fr. par hectolitre, le fût évalué en moyenne
220 litres). C'est cependant la vérité. Le surplus de
l'impôt, quoique perçu par les agents de l'octroi,
est versé au Trésor public et représente les droits de
circulation, d'entrée, de détail et de licence des débitants, droits dont la ville de Paris s'est rédimée,
en les convertissant en une taxe unique aux entrées,
selon l'article 35 de la loi de finances du 21 avril
1832. La ville de Paris a obtenu par ce moyen la
suppression des exercices et la libre circulation des

boissons à l'intérieur. Cette faculté de rédimation n'est pas du reste spéciale à Paris ; il appartient à toute ville d'une population agglomérée de 4,000 âmes et au-dessus d'en profiter, sur le vœu de son conseil municipal.

Mais la surprise du même consommateur ne serait pas moins grande s'il avait sous les yeux la preuve que les droits réunis sur le vin consommé dans les principaux restaurants parisiens sont inférieurs aux droits sur le vin consommé dans beaucoup d'hôtels en province ! Rien de plus facile pourtant que cette preuve, et nous la fournirons en plaçant en regard d'un grand hôtel de Paris, un hôtel de province apprécié de longue date par voyageurs et touristes amis du confort, et illustré par un romancier célèbre dans l'un de ses meilleurs ouvrages (1).

DROITS PERÇUS SUR UNE PIÈCE DE VIN DE 220 LITRES CONSOMMÉE :

Au Grand Hôtel, à Paris.	*A l'Hôtel de la Cloche, à Compiègne.*
Taxe unique aux entrées revenant à l'Etat, 8 fr. 2/10 par hectolitre . . 21 12	Droit d'entrée, 1 fr. 2/10 par hectolitre.. . . . . 2 64
Droits d'octroi (10 fr.1/10 par hectolitre). 24 20	Droit de détail, 15 2/10 p. 100 de la valeur; réduit de 3 p. 100 du droit principal ; valeur moyenne de l'hectolitre 150 fr. 57 94
45 32	Total revenant à l'État. . 60 58
Différence. . . 19 66	Droits d'octroi, 2 fr. l'hect. 4 40
64 98	64 98

(1) M. Alexandre Dumas, *Le Comte de Monte-Christo*, chap. XX.

Cette différence considérable à l'avantage de l'hôtel parisien, résultat d'un exemple choisi parmi les extrêmes, décroît, s'efface, et se trouve même remplacée par un écart inverse plus ou moins sensible, à mesure que s'abaisse le prix du vin consommé en province; elle provient de ce que les impôts sur le vin sont égaux pour tous les consommateurs à Paris, ville rédimée selon la loi de 1832, tandis que dans les villes non rédimées, le droit de détail est ajouté sur le vin à destination des débitants, et sur celui qui, ayant une autre destination, est introduit par quantité inférieure à 25 litres.

Si nous avons ici indiqué le vin comme base de démonstration, c'est que parmi les denrées soumises aux taxes d'octroi, il est, avec la viande et avant elle, au rang supérieur pour le revenu fiscal.

VI

Quelle influence la suppression radicale des octrois, ou simplement la diminution de leurs tarifs, exercerait-elle sur le développement de la consommation? — Avec l'expérience du passé, et en considérant le peu d'importance des taxes supprimées ou modifiées, relativement au nombre de consommateurs qu'elles mettent à contribution, on peut répondre en conviction parfaite : absolument aucune.

Mais tout autre serait le résultat d'une telle mesure pour les villes à octroi. La ruine de leurs finances et la désorganisation de leurs services municipaux, voilà sa conséquence immédiate, si d'autres ressources ne remplaçaient aussitôt les taxes dont on aurait fait litière. Les adversaires des octrois ont-ils prévu les dangers au moins transitoires de la réalisation de leur programme ? Qu'y gagnerait le producteur, pour lequel la situation florissante des villes est la garantie naturelle et puissante de la consommation des produits ? Quant au grand consommateur qui se nomme la population ouvrière, le vin et les autres denrées taxés par l'octroi ne lui seraient fournis désormais ni meilleurs ni à meilleur compte par le détaillant ; seul, celui-ci retirerait peut-être un bénéfice de ces innovations qui ne sollicitent ni les contribuables des octrois ni leurs véritables intérêts.

Au fond, l'agitation qui se produit autour de ces questions a sa cause principale dans l'obscurité de la matière pour les intéressés ; elle n'est que factice, comme celle qui suit aveuglément toute opinion dont la suppression la moins justifiée d'un impôt est le but ; heureusement, il suffit d'en placer les défauts sous les yeux du public pour que la raison et le bon sens en fassent aussitôt justice.

VII

Et maintenant, devant le bilan des charges et des avantages des octrois, que les esprits sérieux, réfléchis, impartiaux, comparent et jugent !

Est-ce à dire que l'on doive considérer le régime des octrois comme l'idéal en matière d'impôts communaux ? Nullement. L'impopularité, fruit traditionnel des violences et de l'arbitraire en matière d'impôts sous l'ancienne monarchie, aura longtemps encore sur le régime des octrois une influence regrettable, aujourd'hui très-affaiblie, mais persistante néanmoins à cause, non de taxes où l'exaction ne peut plus s'infiltrer, mais du mode vexatoire de leur perception et de l'inégalité de celles relatives aux produits similaires de valeur variable, tels que les boissons. Serait-il donc impossible de concilier le régime des octrois avec l'équité à l'endroit de ces dernières taxes, en transportant leur base de perception du volume à la valeur déclarée au départ ? C'est là une question que nous posons sans la résoudre, non sans penser que les difficultés en sont moins réelles qu'imaginaires (1). — Nous sollicitons

---

(1) Pourquoi, en matière de boissons et liquides, le droit fiscal et le droit d'octroi ne seraient-ils pas proportionnels à la valeur déclarée par l'expéditeur ?

au reste de tous nos vœux, dans le régime des octrois, en attendant que la suppression en soit possible, les améliorations utiles, profitables aux familles qui tirent du salaire leur subsistance de chaque jour. La proportionnalité des taxes à la valeur en serait la première et l'équitable assise. Elle aurait le double avantage de soustraire les taxes d'octroi à des réclamations auxquelles les bons arguments ne font pas toujours défaut, et de les faire accepter des classes laborieuses comme une juste part contributive aux charges de la commune. Le sentiment populaire vis-à-vis des impôts en général n'est pas celui d'une exonération sans raison et sans mesure ; c'est celui de la justice. Que les classes laborieuses soient éclairées sur les sacrifices exigés d'elles, sur leur emploi, sur leur équité surtout, et elles y souscriront toujours avec un patriotisme qu'il est d'une bonne politique de ménager sans la froisser.

VIII

Mais si l'opportunité est une condition indispensable dans les réformes, aucune question ne la sollicite davantage que celle relative au régime des octrois. En pareille matière, les solutions appartiennent aux temps des finances prospères, des excédants réels de budget et ne peuvent s'accomplir

sans l'intervention et le concours effectif de l'Etat.
A ce point de vue, on nous saura gré d'analyser, en
terminant, les moyens à l'aide desquels, après une
longue enquête, la question des octrois a reçu, en
Belgique, une solution définitive dont les détails
sont restés jusqu'ici peu connus en France.

C'est par une loi du 18 juillet 1860 que cette
réforme a été opérée par la législature belge. —
Le premier chapitre de cette loi déclare abolies les
impositions communales connues sous le nom d'octroi, et en prohibe le rétablissement. — Il attribue
aux communes une part de 40 pour cent dans le
produit brut des recettes de toute nature du service
des postes ; de 75 pour cent dans le produit du droit
d'entrée sur le café, et de 34 pour cent dans le produit des droits d'accise fixés dans le chapitre 2 sur
les vins et eaux-de-vie provenant de l'étranger, les
eaux-de-vie indigènes, les bières et vinaigres, et les
sucres.—Enfin, il répartit le revenu attribué aux
communes chaque année entre elles, d'après les
rôles de l'année précédente, au prorata du principal de la contribution foncière sur les propriétés
bâties, du principal de la contribution personnelle
et du principal de la contribution des patentes.

Le chapitre 2 établit des modifications à quelques
droits d'accise sur les vins et eaux-de-vie de prove-

nance étrangère, les eaux-de-vie indigènes, les bières et vinaigres et sur les sucres.

Le chapitre 3 règle les dispositions transitoires, parmi lesquelles se trouvent celles-ci :—L'allocation de 40 pour cent sur les postes et celle de 34 pour cent sur les droits d'accise sont portées à 42 et 36 pour cent durant les trois premières années, et le revenu annuel attribué aux communes par l'article 1er est fixé au minimum de quinze millions de francs jusqu'au 31 décembre 1861 ; — La quote-part assignée à une commune par la répartition ne peut être inférieure au revenu qu'elle a obtenu des droits d'octroi pendant l'année 1859, déduction faite des droits de perception et des restitutions allouées à la sortie ; — Enfin, pendant trois années, il peut être alloué aux communes une indemnité du chef du traitement d'attente à payer éventuellement aux agents du service des octrois qui resteraient sans emploi. Cette indemnité est prélevée sur le revenu attribué aux communes et ne peut excéder 5 pour cent de chaque quote-part dans la répartition.

Un 4e chapitre est relatif à des dispositions générales : la seule qu'il soit utile de noter ici prescrit la révision de la loi en dedans quatre ans, en ce qui concerne les voies et moyens.

Quelques explications sont indispensables pour faire apprécier exactement les dispositions financières de cette loi. Nous les relevons sur le rapport fait à la Chambre des représentants belges :

En 1859, il y avait en Belgique 78 communes à octroi, ayant une population de 1,222,991 habitants, et 2,400 communes sans octroi, ayant une population de 3,400,098 habitants. Le produit net des octrois, qui avait été en 1858 de 10,841,500 fr., était évalué pour 1859 à . . . .   11,250,000 fr.

A quoi il a été ajouté le produit de toutes les capitations rurales, qui était de.   3,816,000

C'était donc une somme de. .   15,066,000 fr. qu'il fallait trouver pour remplacer les taxes d'octroi dans les communes où elles se trouvaient établies, et pour procurer aux autres communes une part effective de participation au fonds commun.

Or, cette somme fut fournie — c'est le rapport qui le constate — sans augmentation d'impôts, par un changement de destination d'impôts existants, un virement de caisse, sans nouveau prélèvement sur la bourse des contribuables. En voici les éléments

Revenus abandonnés par l'État (postes, cafés).   3,500,000

A reporter.   3,500,000

Report.   3,500,000

Transformation des droits d'octroi en droits d'accise sur cinq articles (vins étrangers, eaux-de-vie étrangères, eaux-de-vie indigènes, bières et sucres).   4,600,000

Augmentation d'impôts indirects (accise) sur les eaux-de-vie indigènes, les bières et les sucres.   5,900,000

Total. . . . 14,000,000

La différence devait être produite par l'augmentation présumée des recettes sur les évaluations antérieures. Or, cette augmentation s'est réalisée, depuis 1860, « dans des proportions très-considérables », dont les communes sans octroi ont profité et profiteront seules, tant que le mode de répartition, combiné avec la disposition qui réserve aux communes à octroi une part au moins égale à leur revenu de 1859, ne pourra être appliqué à l'ensemble des communes du royaume.

C'est ainsi que le législateur belge a résolûment terminé l'importante question des octrois. La loi de 1860 est considérée en Belgique « comme une des plus heureuses réformes économiques du pays ». Le succès dans les réformes de cette nature appartient à l'initiative juste, équitable, mais ferme, mais débarrassée des arguties de la routine et des considérations secondaires. Cette initiative énergique, persévérante, la Belgique l'a trouvée dans ses hommes d'État, pour lesquels la réforme de 1860 sera un éternel honneur : ils ont compris que si à côté de l'avantage d'améliorer il y a le danger d'innover, il y a aussi à côté du danger d'innover l'avantage d'améliorer.

IX.

Malgré la progression très-considérable du produit des octrois durant les quinze dernières années, la réforme belge serait facilement applicable en France, le jour où, comme en Belgique, la prospérité des finances publiques appellerait en quelque sorte d'elle-même la refonte partielle, sinon générale, des impôts. Que le budget de l'État puisse se passer de l'impôt sur les boissons, désormais proportionnel à la valeur et affecté à un fonds commun, et les octrois auront vécu, et avec eux leur vexatoire et coûteuse perception. Jusque-là, les amis des réformes en rapport avec le progrès, les lumières et l'esprit libéral de notre époque hésiteront, n'oubliant pas que toute innovation, pour être féconde, dépend essentiellement du juste et du possible à la fois, et que ces conditions dépendent elles-mêmes de situations et de combinaisons financières propres à chaque pays. La réforme est-elle possible et sera-t-elle prochaine? Nous le croyons et l'espérons. C'est au Gouvernement qui n'a cessé de se livrer à l'étude patiente de la question des octrois, c'est au temps et à l'opinion publique qu'il appartient d'en décider. Notre seul but, aujourd'hui, était de démontrer que les intérêts de l'agriculture n'ont directement rien de commun avec les taxes d'octroi modérées et proportionnelles, et que celles-ci, supportées par le consommateur, mais compensées pour lui par les avantages qu'il en retire, sont sans influence sur le développement de la consommation. Nous avons l'espoir de rallier à cette opinion ceux qui, écartant tout parti pris, n'ont d'autre guide que l'examen et l'expérience.

CHAPITRE X.

I

C'est presque un axiome en agriculture que le prix de 20 fr. par hectolitre de froment (26 fr. 50 par quintal métrique) (1), est suffisamment rémunérateur pour la production, en même temps qu'il est modéré pour la consommation. « A 20 fr. l'hectolitre, le fermier fait de bonnes affaires et l'ouvrier a le pain à bon marché, » telle est la vérité qui s'est constamment dégagée de l'ensemble des opinions, des calculs et des faits.

Or, ce prix moyen de 20 fr. l'hectolitre, tant souhaité par producteurs et consommateurs, a été dépassé pour le froment durant les trente dernières années (1839-1868). La moyenne des mercuriales officielles pour toute la France en fait foi ; elle est de 20 fr. 82 c. — Divisée en deux parties d'égale durée, la même période trentenaire produit 18 fr. 92 l'hectolitre pour 1839-1853, et 22 fr. 73 pour 1854-1868. — Restreinte aux mercuriales d'un

---

(1) Le rapport de l'hectolitre au quintal métrique est ici déterminé en prenant pour base le poids moyen de 75 kilog. 50 à l'hectolitre.

marché aux grains du nord de la France (1), la base moyenne n'offre qu'une différence peu sensible : 20 fr. 99 c. l'hectolitre sur l'ensemble des trente années ; 19 fr. 64 c. l'hectolitre pour la première partie s'arrêtant avec 1853, et 22 fr. 24 pour la seconde partie, dont les mercuriales de 1868 sont le point extrême.

Est-il vrai qu'à raison de l'augmentation survenue dans la rétribution de la main-d'œuvre, le prix moyen du blé ne peut être rémunérateur aujourd'hui qu'à **22 fr. 65** l'hectolitre, ou **30 fr.** par quintal métrique ? Sans rien préjuger sur cette opinion, il suffit de faire remarquer qu'elle a trouvé dans le passé une satisfaction devant laquelle toute controverse serait superflue ; en effet, du point de départ de l'augmentation des salaires à notre époque (1852-1869), le prix moyen annuel du froment, d'après les mercuriales générales, a été de **22 fr. 35** c., et d'après les mercuriales du marché particulier indiqué plus haut, de **22 fr. 20** l'hectolitre.

Le prix du froment a parcouru, depuis trois siècles, une marche ascendante normale, en rapport avec le prix de revient de cette céréale, mais lente comme le progrès agricole lui-même. Pour en

---

(1) Le marché aux grains de la ville de Compiègne.—Le poids moyen de l'hectolitre de froment vendu sur ce marché de 1854 à 1868 (15 années), a été de 75 kilog. 56.

fournir la preuve, nous n'hésitons pas, malgré la longueur des détails, à mettre sous les yeux du lecteur le tableau des mercuriales d'une région où la culture du froment a toujours conservé une grande prépondérance dans les assolements. Ce travail, qui a pour point de départ l'année 1581, est extrait, jusqu'en 1800, du « *Registre de la valleur des grains de la prevotté de la ville de Compiègne* », trouvé dans une bibliothèque particulière, puis du registre officiel tenu à la municipalité. Nous croyons n'avoir épargné aucune recherche, aucune vérification pour associer dans ce document l'authenticité à l'exactitude, et pour conserver à cet égard le respect qu'un auteur doit au public et se doit à lui-même. Un tel travail peut paraître d'autant plus curieux que la conservation d'extraits des mercuriales pour les grains, d'une date aussi ancienne, serait exceptionnelle, selon un auteur qui écrivait en 1746 : « Les tables dressées sur les extraits des mercuriales qui se sont conservées dans quelques dépôts, depuis 1595, et dont j'ai pris connaissance, dit cet auteur (1), peuvent servir à nous guider pendant quelque temps ; si l'on veut remonter plus haut, il faut nécessairement recourir aux archives des chapitres et des maisons religieuses d'ancienne fondation. »

---

(1) Dupré de Saint-Maur, *Essai sur les monnoies.*

MERCURIALES DU FROMENT

DU MARCHÉ AUX GRAINS DE COMPIÈGNE (1)

1581-1869

PRIX de l'hectolitre par année.		PRIX de l'hectolitre par année.		PRIX de l'hectolitre par année.		PRIX de l'hectolitre par année.	
1581	3 37	1591	5 24	1601	2 91	1611	4 11
1582	5 71	1592	6 86	1602	4 39	1612	3 96
1583	4 75	1593	5 66	1603	4 18	1613	4 75
1584	3 42	1594	10 09	1604	3 95	1614	4 20
1585	6 58	1595	10 96	1605	3 96	1615	4 48
1586	11 61	1596	10 01	1606	4 77	1616	4 90
1587	4 18	1597	8 38	1607	5 66	1617	7 64
1588	3 74	1598	5 05	1608	5 45	1618	5 22
1589	5 85	1599	4 20	1609	3 78	1619	3 76
1590	5 94	1600	4 17	1610	4 13	1620	4 38

(1) L'ancienne mesure aux grains du marché de Compiègne était la *mine*, dont la capacité était égale à 47 litres 38 centilitres. Pour le rapport de cette ancienne mesure à l'hectolitre, il faut doubler le prix de la *mine* et y ajouter 1/18, en tenant compte, en outre, de la différence entre la livre tournois en usage, pour les mercuriales anciennes et la monnaie décimale. Ce calcul a été opéré par l'auteur, pour chaque année, de 1581 à 1800. De cette dernière époque à 1840, le cours officiel a été exprimé en monnaie nouvelle, et à dater de 1820, la *mine* a été considérée comme équivalant à un demi-hectolitre dans les transactions locales aussi bien que dans les mercuriales. C'est seulement à dater de 1840 que le cours officiel arrêté par la municipalité a été basé sur l'hectolitre. Jusqu'à l'année 1800, les mercuriales sont celles du terme d'usage (11 novembre) dans la localité pour l'*appréciation* des fermages en grains. A partir de 1801, les mercuriales représentent la *moyenne annuelle* du prix. Antérieurement à 1854, l'année des mercuriales officielles était comptée du 1er juillet à la même époque de l'année suivante; mais nous avons opéré nous-même dans les calculs les changements nécessaires pour

PRIX de l'hectolitre par année.		PRIX de l'hectolitre par année.		PRIX de l'hectolitre par année.		PRIX de l'hectolitre par année.	
1621	5 85	1651	15 18	1681	6 94	1711	9 52
1622	5 92	1652	9 28	1682	7 31	1712	12 79
1623	5 30	1653	7 16	1683	8 93	1713	16 51
1624	5 65	1654	6 44	1684	10 98	1714	10 49
1625	8 85	1655	5 91	1685	5 74	1715	6 83
1626	8 11	1656	5 91	1686	6 18	1716	5 91
1627	5 58	1657	7 01	1687	3 76	1717	5 36
1628	5 11	1658	9 60	1688	4 08	1718	7 15
1629	5 35	1659	8 57	1689	5 76	1719	8 98
1630	10 13	1660	10 74	1690	5 25	1720	6 48
1631	9 50	1661	19 46	1691	7 26	1721	6 45
1632	6 65	1662	10 92	1692	12 26	1722	10 76
1633	5 73	1663	9 60	1693	25 31	1723	12 47
1634	5 25	1664	7 26	1694	7 79	1724	13 10
1635	6 39	1665	7 13	1695	6 46	1725	15 58
1636	6 19	1666	5 03	1696	8 70	1726	11 55
1637	6 08	1667	4 74	1697	10 79	1727	6 86
1638	5 00	1668	4 69	1698	11 18	1728	7 69
1639	5 15	1669	5 32	1699	11 24	1729	8 82
1640	6 88	1670	5 35	1700	8 18	1730	10 38
1641	6 90	1671	5 68	1701	6 04	1731	8 65
1642	9 60	1672	4 89	1702	5 50	1732	6 05
1643	9 25	1673	5 24	1703	5 96	1733	6 14
1644	6 73	1674	7 98	1704	5 96	1734	6 81
1645	4 56	1675	6 86	1705	5 23	1735	8 04
1646	6 12	1676	6 27	1706	4 47	1736	7 58
1647	8 51	1677	7 68	1707	4 62	1737	9 12
1648	8 51	1678	7 89	1708	13 13	1738	11 74
1649	17 79	1679	8 84	1709	37 62	1739	12 75
1650	11 74	1680	6 78	1710	11 40	1740	18 97

faire concorder la moyenne avec le prix de l'année expirant au 31 décembre. Sur la réclamation des agents du ministère de la guerre, la municipalité a relevé deux cours pour le froment : l'un pour la première qualité, l'autre pour la seconde. Cette mesure, mise à exécution le 1ᵉʳ juillet 1826, a cessé le 1ᵉʳ janvier 1828 ; mais, reprise le 1ᵉʳ janvier 1849, elle a continué jusqu'à l'époque actuelle. Les mercuriales relevées ici s'appliquent au froment de première qualité.

PRIX de l'hectolitre par année.		PRIX de l'hectolitre par année.		PRIX de l'hectolitre par année.		PRIX de l'hectolitre par année.	
1741	15 05	1776	13 52	1811	21 20	1846	23 45
1742	7 64	1777	14 49	1812	33 65(1)	1847	30 14
1743	7 39	1778	11 90	1813	25 34	1848	14 97
1744	5 94	1779	12 24	1814	16 43	1849	14 70
1745	7 17	1780	12 98	1815	17 70	1850	13 86
1746	7 60			1816	28 45		
1747	10 28	1781	11 82	1817	40 85(2)	1851	14 83
1748	10 91	1782	11 97	1818	23 75	1852	19 58
1749	11 46	1783	14 98	1819	17 75	1853	24 35
1750	10 66	1784	15 05	1820	20 02	1854	29 12
		1785	13 54			1855	30 45
1751	13 97	1786	12 45	1821	18 46	1856	30 88
1752	13 74	1787	13 30	1822	18 76	1857	22 27
1753	11 79	1788	19 30	1823	17 60	1858	15 68
1754	8 64	1789	19 40	1824	14 30	1859	16 21
1755	6 56	1790	12 98	1825	15 92	1860	20 50
1756	12 44			1826	17 00		
1757	11 82	1791	15 05	1827	17 34	1861	24 17
1758	10 71	1792	20 24	1828	22 58	1862	24 72
1759	10 91	1793	21 80	1829	26 80	1863	18 97
1760	9 46	1794	24 94	1730	21 36	1864	17 17
		1795	17 39			1865	16 37
1761	8 23	1796	17 64	1831	22 42	1866	19 75
1762	8 87	1797	14 30	1832	22 50	1867	25 39
1763	8 48	1798	10 82	1833	15 26	1868	25 03
1764	9 45	1799	12 98	1834	14 50		
1765	10 51	1800	19 50	1835	15 10		
1766	11 42			1836	14 56		
1767	17 69	1801	22 90	1837	16 08		
1768	18 55	1802	28 05	1838	20 69		
1769	15 84	1803	17 70	1839	24 01		
1770	17 98	1804	14 56	1840	22 44		
		1805	18 33				
1771	16 03	1806	18 60	1841	17 37		
1772	15 77	1807	19 70	1842	20 06		
1773	17 27	1808	15 55	1843	19 39		
1774	17 12	1809	12 75	1844	18 46		
1775	16 23	1810	17 37	1845	17 40		

(1) Le prix moyen de l'hectolitre aux marchés des 11, 18 avril et 9 mai a été de 49 fr. 96. De cette époque au 15 août suivant, il a été abaissé à 33 fr. par décret (V. sup., p. 64).

(2) Le prix moyen de l'hectolitre aux marchés des 24, 13 mai et 7 juin a été de 65 fr. 42.

II.

En parcourant cette liste trois fois séculaire des mercuriales du froment, on est frappé de l'excessive cherté relative qui s'est produite sous l'ancien régime, à des époques dont le point culminant est l'année 1709. L'esprit est impressionné, saisi d'une compassion profonde, en songeant à la misère extrême des habitants des campagnes et aux privations qu'ils ont dû s'imposer à ces époques désastreuses, dont les récits du temps nous ont laissé le navrant tableau (1). Au fléau des disettes, à la dévastation et à la dépopulation des campagnes, fruit de longues et ruineuses guerres bien plus que de l'intempérie des saisons, s'ajoutait le fléau d'impôts arbitraires d'autant plus accablants que, le clergé et la noblesse en étant alors exempts, le poids en retombait tout entier sur les laboureurs. Les tailles, la capitation, les dîmes, les taxes sur toutes choses et sous toutes formes, tel était le lot de ces déshérités d'autrefois. Le mal était parfois si grand, la misère si profonde, qu'on ne s'étonnera pas des conclusions hardies, indignées, prononcées en présence du roi par l'avocat général Omer Talon, lors d'un

(1) Voyez sur ce sujet l'ouvrage remarquable de M. Eugène Bonnemère : *La France sous Louis XIV.*

lit de justice tenu le 15 janvier 1648 (1) : « Nous pouvons, a-t-il dit, exprimer à Votre Majesté que les victoires ne diminuent rien de la misère des peuples ; qu'il y a des provinces entières où l'on ne se nourrit que d'un peu de pain d'avoine et de son... Toutes les provinces sont épuisées... On a mis imposition et fait des levées sur toutes choses qu'on s'est pu imaginer ; il ne reste plus à vos sujets que leurs âmes, lesquelles, si elles eussent été vénales, il y a longtemps qu'on les aurait mises à l'encan. » — S'élevant ensuite contre l'abus des lits de justice, l'illustre avocat général ajoutait : « N'est-ce pas une illusion dans la morale, une contradiction dans la politique, que de croire que des édits passent pour vérifiés lorsque Votre Majesté en a fait lire et publier le titre en sa présence ? Un tel gouvernement despotique et souverain serait bon parmi les Scythes et les Barbares septentrionaux qui n'ont que le visage d'homme ; mais en France, sire, le pays le plus policé du monde, les peuples ont toujours fait état d'être nés libres et vivre comme vrais Français. » Fier et noble langage auquel, après deux siècles, on ne saurait de nos jours rien ajouter qui en dégageât davantage le sentiment de la dignité et de la liberté humaines !

---

(1) *Collect. des anc. lois françaises*, Isambert, t. 17, p. 66.

En ce temps d'un gouvernement corrupteur et despotique, une réglementation à outrance, dont la tradition affaiblie existe encore, entravait toutes les branches de la production, de l'industrie et du travail (1). C'est ainsi qu'une disposition étrange, bouffonne si elle n'eût été odieuse, et dont le but était de renouveler à des époques plus rapprochées la perception des droits de contrôle sur les baux à ferme, défendait aux propriétaires et aux fermiers de faire des baux de plus de neuf ans, ce qui équivalait, selon la judicieuse remarque de Forbonnais, « à interdire aux fermiers de s'attacher à leur terre et d'y faire l'avance des améliorations dont elle était susceptible (2) ». Un siècle plus tard, le Parlement de Paris faisait défense de se servir de la faux pour

(1) Dans le siècle suivant, la royauté ayant édicté diverses modifications libérales, rencontra parmi les corps constitués de très-vives résistances. Le langage du Parlement, au lit de justice tenu à Versailles le 12 mars 1776 (*Anc. lois françoises*, t. 23, p. 398), a été souvent imité depuis sans être plus juste ni plus en harmonie avec les intérêts généraux : « Le but qu'on propose à Votre Majesté, disait le Parlement, est d'étendre et de multiplier le commerce, en le délivrant des gênes, des entraves, des prohibitions introduites, dit-on, par le régime réglementaire. Nous osons, sire, avancer la proposition diamétralement contraire : ce sont ces gênes, ces entraves, ces prohibitions qui font la gloire, la sûreté, l'immensité du commerce de la France. »

(2) *La France sous Louis XIV*, par M. Eugène Bonnemère, t. 2, p. 184.

couper les blés (1). On couvrait cette ridicule décision d'un prétexte plus ridicule encore, celui d'un
dommage imaginaire, sans se préoccuper du dommage bien autrement réel causé aux récoltes par le
gibier royal ou seigneurial. La chasse en était interdite aux « roturiers (2) », avec défense « auxdits
sujets, paysans et gens de village » de faire faucher
avant la Saint-Jean-Baptiste les îles, prés et bourgo-
gnes (sainfoins) qu'ils posséderaient dans l'étendue
des capitaineries de chasses.

---

(1) Arrêt du 2 juillet 1786. *Anc. lois franç.*, t. 28, p. 211.—
« Vu par la cour, porte cet arrêt, que les laboureurs et cultivateurs des bailliages de Laon et de Chartres ont introduit l'usage
de faucher les blés au lieu de les scier ; que cette manière de récolter a été défendue par plusieurs arrêts, comme préjudiciable au
public et aux cultivateurs eux-mêmes, parce que la faulx, agitant
l'épi avec violence, en fait jaillir les grains qui sont en pleine
maturité. »

(2) Sous peine de la *hart* (c'est-à-dire d'être pendus). *Déclar.
sur le fait des chasses*, 10 déc. 1581, *Anc. lois franç.*, t. 15,
p. 506 ; — plus tard d'être « battus de verges sous la custode,
jusqu'à effusion de sang, — mis au carcan trois heures à jour de
marché, — bannis, — condamnés aux galères, suivant les cas ».
Ordon. Henri IV, 10 juin 1601, *Anc. lois franç.* t. 15, p. 247.

Les violences et la barbarie de la répression à laquelle a donné
lieu le droit de chasse réservé à la royauté et à la noblesse sous
l'ancien régime, se sont conservées vivaces dans le souvenir
traditionnel des campagnes rurales. Une circonstance récente
(nov. 1869) en a fourni la preuve. Un grand propriétaire ayant
décidé de détacher quelques parcelles d'un domaine situé dans
une commune de l'Oise, imposa, pour condition de la vente, la
réserve du droit de chasse durant 30 ans, moyennant fermage. A

Quels temps et quelle législation !

Ce n'était là, on le sait, ni tous les griefs, ni les plus importants de ceux que le régime féodal avait soulevés au sein des classes rurales. Ainsi s'explique l'enthousiasme de ces classes foulées, exactionnées, victimes dans leurs personnes et dans leurs biens, à l'avénement d'une révolution qui devait les affranchir. Cet affranchissement fut l'œuvre de la Constituante et de la Convention nationale. Mais pour les classes rurales, habituées à tout symboliser dans un chef, les grandes figures de ces assemblées n'ont guère été que des abstractions, et le véritable auteur de la révolution de 1789 est le souverain qui, parmi les principes immortels de cette révolution, a conservé sinon dans les constitutions, du moins dans les faits, celui qui leur était le plus cher, le principe d'égalité. Le culte des populations rurales pour la mémoire du premier empereur a son fondement dans cette croyance naïve, et longtemps encore,

---

l'annonce de cette clause excessive, une sorte de stupeur, suivie de protestations énergiques et de vives allusions à l'époque de la destruction du régime féodal, fit éclater le sentiment des « sujets, paysans et gens de village, » comme on les appelait autrefois, assemblés pour enchérir. Et ces braves et fiers campagnards, qui le lendemain eussent laissé leur vendeur se livrer gratuitement à la chasse sur leurs parcelles, refusèrent de s'en laisser imposer le droit, même rétribué : tous s'abstinrent d'acheter.

l'image impériale suspendue au foyer domestique de l'habitant des campagnes attestera sa gratitude pour les bienfaits dont la première révolution l'a doté, bien plus que son admiration pour une gloire militaire, immense à la vérité, mais à laquelle n'ont manqué ni les fautes, ni les désastres, ni même l'expiation. Il sait aujourd'hui que « la grande gloire n'est pas celle des conquérants, et que l'homme qui fait croître deux brins d'herbe là où il n'y en avait pas un seul, a fait plus pour l'humanité que le conquérant qui a gagné vingt batailles... » (1).

Mais quittons ces généralités et revenons à la partie pratique de notre travail.

Le tableau suivant contient la récapitulation des mercuriales du froment du marché de Compiègne, par périodes décennales, à partir de l'an 1601, et la récapitulation, par mêmes périodes, du prix moyen annuel du froment d'après les mercuriales pour toute la France depuis l'année 1801.

---

(1) Paroles du P. Hyacinthe, prononcées à l'assemblée générale de la *Ligue de la paix*, le 24 juin 1869.

PÉRIODES.	PRIX moyen de l'hectolitre.	PÉRIODES.	PRIX moyen de l'hectolitre.
1601 — 1610	4 34	1701 — 1710	9 93
1611 — 1620	4 74	1711 — 1720	8 99
1621 — 1630	6 58	1721 — 1730	10 36
1631 — 1640	6 28	1731 — 1740	9 67
1641 — 1650	8 97	1741 — 1750	9 44
1651 — 1660	8 58	1751 — 1760	10 99
1661 — 1670	7 95	1761 — 1770	12 69
1671 — 1680	6 76	1771 — 1780	14 75
1681 — 1690	6 49	1781 — 1790	14 44
1691 — 1700	11 21	1791 — 1800	17 46
Moyenne. . . .	7 19	Moyenne. . . .	12 86

PÉRIODES.	MOYENNE DU MARCHÉ DE COMPIÈGNE.		MOYENNE ANNUELLE pour toute la France.
	11 novembre.	Annuelle.	
1801—1810.	17 34	18 55	19 87
1811—1820.	21 38	21 51	21 69
1821—1830.	19 05	19 01	18 38
1831—1840. . : . . .	18 07	18 75	18 94
1841—1850.	18 44	18 95	18 68
1851—1860.	23 11	22 38	22 09
1861—1868.	22 43	21 07	21 75
Moyenne.	20 29	20 44	20 59

III.

L'opinion favorable à l'augmentation du droit fiscal établi à l'importation des céréales s'appuie sur l'inégalité des charges entre l'agriculture indigène et l'agriculture étrangère. Sans contester cette inégalité, sans examiner si elle existe à un degré dont il soit justice de tenir compte à l'agriculture française, on peut objecter qu'en cette matière les bases de comparaison ne sont pas circonscrites dans les charges agricoles respectives, et qu'il faut encore les chercher dans la différence des forces productives et de la richesse acquise de chaque pays. N'est-il pas vrai qu'un pays où les impôts et les salaires sont à un taux élevé, peut cependant se trouver, relativement, moins chargé sous ce double rapport qu'un autre pays où salaires et impôts sont inférieurs par les chiffres? Oui, assurément, comme il l'est que les charges publiques, même exagérées, pèsent toujours moins sur un pays prospère que les impôts les plus restreints sur un pays qui ne l'est point. C'est pourquoi, quand il s'agit du prix des céréales, la comparaison véritablement rationnelle est celle qui prend pour base les mercuriales respectives des divers pays et ajoute le prix du transport au compte du pays importateur, sans se préoccuper des charges de la production, celles-ci trouvant leur nivellement et leur équilibre dans les conditions générales et locales de production propres à chaque pays.

On trouvera dans le tableau suivant des mercuriales du froment en Angleterre, en Belgique, à Dantzick, à Odessa, à New-York, pour une période de vingt années (1838-1857), les éléments de comparaison avec les mercuriales françaises (1). Nous n'avons pu nous procurer les prix des dix dernières années, le ministère du commerce et de l'agriculture ne possédant, à notre vive surprise, aucun document de nature à fournir sur ce point un renseignement utile, mais les prix relevés dans le tableau qui va suivre suffisent à démontrer que l'avilissement du prix des céréales en France ne peut jamais avoir sa cause dans l'importation étrangère, les prix anglais et belges étant plus élevés que le prix français, et ceux des autres pays devant également le surpasser par le coût du transport intérieur et du fret.

______

(1) Ce tableau est extrait de l'excellent ouvrage de M. Maurice Block, *Statistique de la France comparée avec les autres États de l'Europe*, t. 2, p. 43. Nous l'avons complété en ce qui concerne les mercuriales belges.

ANNÉES.	ANGLE-TERRE.	BELGIQUE	ODESSA.	DANTZICK.	NEW-YORK.
	l'hectol.	l'hectol.	l'hectol.	l'hectol.	l'hectol.
1838	28 44	20 26	9 45	16 66	25 50
1839	34 06	23 04	10 88	22 06	22 04
1840	29 46	24 31	11 78	19 40	15 44
1841	28 28	20 02	11 83	18 39	17 43
1842	25 47	22 49	11 09	19 07	16 02
1843	22 02	19 44	9 49	14 43	14 42
1844	22 53	17 75	9 87	14 47	13 35
1845	22 35	20 06	10 78	18 49	15 26
1846	24 03	24 53	12 59	20 96	15 36
1847	30 66	25 20	14 90	26 62	20 30
1848	22 20	17 37	12 »	19 48	17 66
1849	19 45	17 45	11 80	17 21	17 »
1850	17 69	16 45	11 75	16 54	17 22
1851	16 97	16 67	9 40	16 15	14 24
1852	17 52	20 44	11 30	17 58	14 74
1853	22 89	25 07	11 76	21 44	23 20
1854	31 43	31 48	» »	24 67	30 09
1855	32 40	33 42	» »	28 23	34 85
1856	29 73	30 77	22 58	27 42	24 49
1857	23 49	22 96	19 53	23 45	20 92
Moyenne. .	24 84	22 23	12 36	20 06	19 45

Prix moyen de l'hectol. de froment, en France, pour ces 20 années: 20 fr.87.

CHAPITRE XI.

DES AMÉLIORATIONS FAVORABLES A L'AGRICULTURE
ET A LA PROPRIÉTÉ FONCIÈRE.

I

Les causes de la crise actuelle de l'agriculture se condensent dans les salaires, la main-d'œuvre et la production : telle est la démonstration essayée dans les chapitres précédents et que nous compléterons ici.

On a dit : sans la hausse des salaires, il n'y aurait point de crise ; sans la rareté de bras pour la main-d'œuvre, il n'y aurait point de cherté de salaires ; et ces obstacles à la prospérité agricole : rareté de bras, salaires surélevés disparaissant, la crise s'évanouirait d'elle-même.

On a dit encore : sans la diminution survenue dans la somme de main-d'œuvre obtenue autrefois du travailleur, moins de bras seraient réclamés pour le travail agricole, cette diminution exigeant aujourd'hui, pour l'œuvre qu'elle n'accomplit pas, un nombre de bras proportionnel à elle-même.

On a dit, enfin : avec une production agricole plus abondante, on eût, dans une mesure satisfaisante pour les divers intérêts, épargné le renchérissement des denrées de consommation, prévenu la hausse correspondante des salaires, laissé au producteur le profit de la diminution des frais généraux de production, et conservé à l'agriculture une situation normale et florissante.

Tel est le langage qu'on a tenu, selon le point de vue auquel on s'est placé.

On voit, d'après ces propositions, combien il est difficile de déterminer, par un degré certain, la responsabilité respective des diverses causes de la crise ; mais que la plus large part en revienne à la production, à la main-d'œuvre ou aux salaires, peu importe ; il suffit, les causes de la crise étant admises, de rechercher les moyens d'en atténuer, sinon d'en effacer les effets.

Quels sont donc ces moyens ?

Quand les causes d'une maladie sont connues, les moyens thérapeutiques s'indiquent d'eux-mêmes : ils consistent à s'attaquer aux causes révélées par un diagnostic sûr et à les soustraire d'un organisme dont elles troublent l'équilibre. Il n'en saurait être autrement en matière de crise agricole ; mais le choix des moyens n'est pas sans péril, et c'est ici qu'on doit se garder d'un empirisme impuissant et dangereux, propre seulement à changer la nature du mal et à le répercuter sous une autre forme.

Voyons d'abord pour les salaires :

De nos jours, le sort des classes laborieuses, agricoles et industrielles, s'est sensiblement amélioré. Le travailleur est mieux logé, mieux nourri ; sa consommation est plus saine, plus abondante et son bien-être plus grand. La nécessité rationnelle de cette condition nouvelle des classes laborieuses est la hausse des salaires, qui, elle-même, envisagée sous cet aspect, est un progrès pour la civilisation et pour l'humanité. Que, dans cette situation logique des choses, les salaires s'abaissent tout à coup sans compensation et sous la pression de mesures économiques paralysant le travail par la prétention de le réglementer, et comme eux la consommation générale diminuera, laissant derrière elle l'avilissement des prix, la réduction du travail, en un mot, la plus redoutable des crises.

Passant à la main-d'œuvre, la question exige d'être envisagée à un double point de vue : la rareté des bras et la diminution de la tâche fournie par le travailleur.

La première est en partie la résultante de la seconde. Du moment où, à cause de la réduction des heures de travail ou du ralentissement de l'activité du travailleur, il faut aujourd'hui, par exemple, quatre ouvriers au lieu de trois, qui eussent suffi autrefois, pour accomplir régulièrement une tâche quelconque, il est du plus simple raisonnement que la rareté des bras ne peut tarder à se produire, surtout quand elle se lie à d'autres causes non moins actives, non moins efficientes, telles que le ralentissement de l'accroissement de la population et l'émigration des ouvriers ruraux vers les villes. A cette pénurie de bras pour la main-d'œuvre rurale, le remède est dans le perfectionnement et l'application des engins agricoles substituant la force mécanique au travail manuel; il est encore dans le bénéfice du temps, amenant, avec la modification des causes déjà signalées, un accroissement de population dont l'agriculture profitera, les rangs des travailleurs industriels, recrutés naguère à son préjudice, étant aujourd'hui au complet.

Quant à la diminution de la somme de main-d'œuvre actuelle comparée à celle d'autrefois, comment y remédier, si ce n'est par la transformation de la rétribution à la journée ou à prix fixe en rétribution à la tâche? Malheureusement, cette transformation, facile pour la main-d'œuvre industrielle, l'est moins en agriculture, ne l'est pas du tout en ce qui concerne les serviteurs à temps et à gages et n'exclut pas de leur part l'imperfection du travail ; elle ne serait en tout cas qu'un palliatif, mais qui pourrait, à notre avis, se compléter par un système ayant pour base puissante l'amour-propre légitime et l'intérêt du travailleur : celui, non pas d'une association chimérique en agriculture entre producteurs et ouvriers, mais d'une rémunération supplémentaire proportionnée à la quantité obtenue en principaux produits et en croît d'animaux. L'application pratique de ce système n'est pas, à la vérité, exempte de difficultés, à cause de la diversité des aptitudes concourant au même travail et au même but ; mais ces difficultés, loin d'être insurmontables, disparaîtraient sous les combinaisons de l'expérience et des intérêts réciproques. Que ce système soit essayé, et à coup sûr l'agriculture en recueillera les bienfaisants effets. Ce sera pour elle un sacrifice plus apparent que réel, car il lui reviendra au double, sous forme de rendements plus abondants et plus améliorés des produits ; sous forme de meilleure hygiène des animaux et de soins plus attentifs à la prospérité de l'entreprise ; sous la forme enfin de cette satisfaction personnelle de l'homme qui, à la tête d'une exploitation, voit la tâche de chacun courageusement et honnêtement s'accomplir.

En résumant ce qui vient d'être dit des salaires

et de la main-d'œuvre, on arrive à conclure qu'en cette matière le laisser-faire et le laisser-passer doivent être la règle du gouvernement et du législateur. On ne saurait songer de nos jours à taxer les salaires et les denrées comme aux temps anciens (1), ni à prescrire la fermeture des usines afin de remédier à la pénurie de bras pour la culture des terres, comme il fut fait sous Louis XIV (2). Ces mesures de violence, si elles étaient encore possibles, aggraveraient le mal au lieu d'y porter remède. Ce n'est pas à coups de lois ni de décrets que se peuvent régler le taux des salaires, le prix des denrées et le nombre des travailleurs de telle ou telle industrie. Il n'est pas de matière plus délicate, plus rebelle aux moyens artificiels et à laquelle la liberté d'action, la liberté des conventions et la liberté de la concurrence soient plus nécessaires. L'ancien régime ne l'a pas compris, et son excuse à cet égard est moins dans le malheur des temps que dans l'ignorance des principes les plus élémentaires de l'économie politique.

---

(1) *Ordonnance* du roi Jean, 30 janv. 1350, en 252 articles. Cette pièce est très-curieuse, *Anc. lois franç.*, coll. Isambert, t. 4, p. 574. — Autre *Ordonn.*, nov., 1354, *ibid.*, 700.

(2) *Arrêt du Conseil*, 26 janv. 1723, *Anc. lois franç.* t. 21, p. 275.

II

Mais si le problème des salaires et de la main-d'œuvre est si complexe ; s'il échappe à l'action directe des pouvoirs publics, il est un programme qui dépend uniquement de l'agriculture elle-même : c'est le programme d'une production plus abondante et plus économique.

Le rendement plus considérable des produits obtenus par l'amélioration des méthodes de culture, la superficie cultivée et les frais d'exploitation restant les mêmes, aurait pour premier résultat de laisser aux mains du producteur une partie de l'économie réalisée sur les frais de production, et pour autre résultat, plus appréciable encore, la réduction du prix des denrées de consommation et avec elle la baisse normale, raisonnée, durable, des salaires, le travailleur continuant, avec un salaire moins élevé, de se procurer, dans la même mesure qu'auparavant, les choses nécessaires à ses besoins. Ce phénomène, logique en science économique, s'est réalisé en Angleterre après la réforme de la législation sur les céréales, œuvre du ministre Robert Peel. Le prix du blé ayant sensiblement diminué sous l'influence de cette réforme favorable aux consommateurs, le taux des salaires s'est aussitôt modifié de lui-même, sans secousse et par le seul effet du retrait d'une ingérence législative qui entravait les relations commerciales en troublant le cours naturel et régulier des produits.

Dans un autre ordre d'idées. le rendement supérieur des produits, en permettant à l'agriculteur de restreindre dans une proportion notable la superficie de chaque ordre de culture, laisserait libre le surplus pour la culture fourragère. la production des animaux de boucherie et des engrais naturels. ceux-là que le sol préfère et dont le prix est le moins élevé.

Voilà pourquoi le véritable programme de l'agriculture doit être : *Production plus abondante et plus économique.*

Ce programme de tous les temps et de tous les pays n'a pas encore reçu dans le nôtre les développements qu'il comporte. La faute en est autant à la routine et à l'imperfection des études économiques qu'aux difficultés du crédit; mais il doit être désormais une vérité, si l'agriculture française ne veut se montrer inférieure au niveau de la science et des progrès agricoles de l'époque. Energiquement mis en pratique, ce programme ne tarderait pas à produire sur les questions de salaire, de main-d'œuvre, d'alimentation générale, l'influence la plus féconde et qu'on peut traduire par les avantages suivants :

Economie proportionnelle dans les frais de production ;

Augmentation du bétail, et par suite de la production de la viande de boucherie et des engrais ;

Abaissement du prix des denrées de consommation sans perte pour le producteur, la différence trouvant sa compensation dans le surcroît de rendement ;

Abaissement des salaires proportionné à la diminution du prix des denrées ;

Enfin, diminution de la main-d'œuvre, ou autrement main-d'œuvre moins étendue et par conséquent plus offerte.

Mais, pour accomplir le programme proposé, l'agriculture a besoin d'un crédit subordonné presque entièrement à celui du sol, et à son tour, le crédit du sol dépend d'une législation appropriée à ses besoins, et d'autant plus améliorée qu'elle aura débarrassé la transmission et le crédit lui-même des formalités superflues, de l'injustice des droits fiscaux improportionnels et de l'injustice des droits fiscaux exagérés. C'est à l'influence funeste de ces formalités ruineuses et de ces impôts injustes, autant qu'aux immunités totales ou relatives dont jouissent les valeurs mobilières et qu'au dégagement de frais de la transmission de ces valeurs, que le prix vénal de la propriété foncière, dans les campagnes exclusivement agricoles, doit d'être stationnaire et même déprécié depuis certain nombre d'années, comme l'attestent à la fois l'enquête et les faits (1).

Mais un programme est insuffisant par lui-même. Il faut encore en formuler les moyens pratiques d'exécution, et, après l'avoir fait, associer les ménagements à l'équité rigoureuse, même à l'égard des abus que sa mise en œuvre viendrait détruire. Or, si l'on suit attentivement et dans leur enchaînement naturel les conditions du programme de la production abondante et économique, ou autrement des améliorations favorables à l'agriculture et à la propriété foncière, on les trouvera dans les déductions logiques que nous allons reproduire et qui,

---

(1) Dans les villages exclusivement agricoles mais dépourvus de cultures industrielles, la valeur vénale de la propriété foncière s'est maintenue en partie sans variation depuis 10 ans ; mais elle s'est dépréciée pour le reste. La dépréciation varie de 10 à 30 p. 100. De curieuses différences existent à cet égard entre communes voisines ; les unes, préférant le sol et employant à l'acquérir une épargne qui en maintient et en élève la valeur ; d'autres, préférant encore le sol, mais ne lui accordant qu'une partie de leur épargne ; d'autres enfin, préférant les valeurs mobilières et leur portant une épargne qui, soustraite au sol, le laisse déprécié dans sa valeur à un degré plus ou moins sensible, faute de concurrence. — On pourrait, en suivant les fluctuations du prix vénal de la propriété foncière dans les campagnes agricoles, calculer à coup sûr le degré de tendance d'un village à l'emploi de l'épargne autrement qu'à l'acquisition ou à l'amélioration du sol.

dé la première à la dernière, s'imposent successivement l'une à l'autre :

Amélioration des méthodes de culture ; augmentation du capital d'exploitation ; baux de longue durée ; à leur défaut, remboursement des impenses faites par le fermier sortant ;

Reconstitution du sol abusivement morcelé et sa restitution à l'agriculture, dans une proportion divisionnelle suffisante pour être utilement cultivé par des animaux de trait ;

Double crédit : le crédit agricole et le crédit hypothécaire ;

Amélioration des lois fiscales sur la transmission de la propriété foncière et des lois sur le régime hypothécaire ; réforme libérale, énergique, complète, immédiate des lois de procédure.

Avant d'être entreprise, cette dernière réforme exige d'être soulagée des intérêts qui lui font obstacle en communauté avec l'excès des impôts fiscaux. Ces intérêts, qui affectent la propriété foncière dans les différentes formes de sa mutation et de son crédit, sont ceux des titulaires des offices ministériels. Il y a lieu d'y pourvoir par une combinaison exempte d'iniquité, c'est-à-dire par le remboursement et l'amortissement de la finance des offices, ayant pour conséquence la suppression de leur vénalité. Disons tout de suite, avant d'en démontrer la vérité par l'évidence, que le remboursement des offices ministériels, facile dans l'exécution malgré l'importance considérable de son chiffre, ne nécessiterait aucun appel de fonds auprès du public et n'affecterait à aucun degré les finances de l'Etat.

Nous aborderons successivement ces matières, inséparables du programme proposé et dont l'importance exige pour chacune un chapitre spécial.

CHAPITRE XII.

DÉVELOPPEMENT DE LA PRODUCTION AGRONOMIQUE. — AUGMENTATION DU CAPITAL D'EXPLOITATION. — BAUX A LONG TERME. — REMBOURSEMENT DES IMPENSES AU FERMIER SORTANT.

1

La production abondante et économique est le but naturel et permanent des efforts de tout agriculteur ; mais ces efforts sont soumis à des conditions variables selon les climats, la situation, la qualité et le produit des terres cultivées, et c'est de la règle de ces conditions par la science et l'expérience agronomiques que dépend le succès.

La production peut être abondante sans être économique : c'est l'écueil ordinaire d'une exploitation où l'imagination a plus de place que le raisonnement et le calcul ; et réciproquement, elle peut être économique sans être abondante : c'est l'écueil d'une exploitation parcimonieuse, caractérisée par l'insuffisance du capital employé. En ceci, du reste, la question est simplement relative et se résout par comparaison avec la production actuelle et son prix de revient.

Mais le moyen radical pour l'agriculture de venir aujourd'hui en aide à elle-même a des visées plus hautes, et c'est logiquement que, dans le chapitre précédent, il a été caractérisé de ce titre : *Production plus abondante et plus économique*. — Plus abondante, en ce que la surface cultivée étant, par exemple, réduite d'un tiers pour les céréales, la production, accrue proportionnellement, égalera néanmoins en somme totale le rendement antérieur. Plus économique, en ce que dans le même exemple, la production n'exigeant plus, pour conserver le même niveau de rendement, que les deux tiers de la surface précédemment cultivée, il y aura sur le prix de revient économie proportionnelle de fermage, d'impôt et de main-d'œuvre.

Fécond en résultats favorables, qu'il s'agisse des salaires, de la main-d'œuvre, de l'intérêt du producteur ou de l'intérêt du consommateur, ce progrès d'une production à la fois plus abondante et plus économique, la France agricole en a constamment suivi le sillon, mais d'une marche trop lente, distancée aujourd'hui par la plupart des nations voisines.

Le temps est venu pour l'agriculture française de racheter un retard dont elle ne peut accuser son impuissance, et secouant la routine, ses entraves et sa torpeur, écartant les systèmes surannés, d'appliquer à l'exploitation du sol, avec la science acquise, les méthodes nouvelles consacrées par l'expérience et par le succès.

Déjà, une partie de la grande culture est à l'œuvre, à l'exemple d'agronomes distingués par les lumières et l'énergique esprit d'initiative, et si nos informations sont exactes, les rendements des dernières années ont pris, sur plusieurs points du centre de la France, des proportions dont l'épargne agricole et la valeur vénale des immeubles ont largement profité.

C'est à la France agricole tout entière de généraliser ce mouvement en avant ; elle y trouvera, outre les avantages d'une situation prospère pour elle-même et pour le pays, l'occasion de ressaisir un rôle qui lui appartient et dont elle est justement fière : celui de marcher en agriculture, comme dans toutes les autres branches de l'industrie humaine, à la tête des perfectionnements.

L'agriculture française s'est-elle véritablement attardée sur la route du progrès ? A cette question, restreinte au produit supérieur de notre sol, le froment, la réponse est dans la comparaison entre le rendement moyen de cette céréale en France et son rendement dans divers Etats de l'Europe.

Voici l'état moyen de la production française depuis l'année 1820 :

PÉRIODES.	MOYENNE		
	du nombre d'hectares ensemencés.	du nombre d'hectolitres récoltés.	du nombre d'hectolitres par hectare.
1821—1830	4,892,649	58,287,588	11,90
1831—1840	5,322,397	68,047,333	12,77
1841—1850	5,803,248	79,592,757	13,68
1851—1860	6,424,962	90,073,700	13,99
1861—1865	6,867,024	99,579,070	14,51

De 1830 à 1865, le rendement moyen du froment par hectare passant de 11 hectolitres 90 litres à 14 hectolitres 51 litres, s'est augmenté de 21.92 p. 0/0.

La période la plus marquée de cette augmentation est celle 1841-1850, et la période inférieure celle 1851-1860.

Mais ce progrès, malgré son importance réelle, reste en arrière de ceux accomplis dans beaucoup de pays voisins. La production étrangère du froment, relevée par hectare d'après les statistiques et les auteurs les plus compétents (1), présente, en effet, les résultats suivants :

---

(1) *Des charges de l'agriculture*, par M. Maurice Bloch (1851), *La France politique et sociale*, par le même auteur (1869), p. 96.

Angleterre.	40,8	hectolitres.
Autriche.	17,»	—
Belgique.	19,3	—
Hanovre.	18,»	—
Hesse électorale.	18,»	—
Mecklembourg (les deux duchés), 10,56 fois la semence.	21,1	—
Pays-Bas.	23,»	—
Prusse.	19,8	—
Saxe.	20,6	—
Suède.	18,8	—
Thuringe.	22,»	—
Wurtemberg.	31,3	—

Ce rapprochement est douloureux pour notre agriculture et pour l'amour-propre national.

Ainsi, en France, contrée si merveilleusement dotée par la Providence qu'elle réunit à la fois le plus bienfaisant climat, la plus grande variété des produits, l'étendue et la fertilité des terres, les cours d'eaux nombreux; où l'activité humaine est aidée par l'unité de langage, l'unité administrative et l'unité de législation; où se trouve une population intelligente et compacte, ayant les qualités solides de l'agriculteur, du citoyen et du soldat; en France, la production du froment, branche principale de l'agriculture nationale et base première de l'alimentation générale, est inférieure en rendement à la production similaire dans beaucoup de pays voisins. Elle est inférieure de près des deux tiers à la production anglaise, d'un quart à la production belge et prussienne, etc., malgré le désavantage de ces pays sous le rapport de la qualité du sol et du climat !

II.

Quelles sont les causes d'un écart aussi défavorable pour l'agriculture française ?

On les chercherait vainement ailleurs que dans l'insuffisance du capital employé dans les exploitations agricoles.

Ce n'est qu'à l'aide du capital que l'on peut obtenir le concours gratuit de la puissance productive du sol et, jusqu'à une certaine limite — si large qu'elle n'est presque jamais atteinte — ce concours est proportionné à l'importance du capital consacré à le solliciter (1). Cette vérité est élémentaire, et cependant, tandis que dans la plupart des États voisins le capital d'exploitation varie de 600 fr. à 1.500 fr. par hectare, en France il n'atteint guère

---

(1) *La dépopulation des campagnes*, par M. Ch. le Hardy de Beaulieu. (*Journal des économistes*, sept. 1867, p. 332.)

que 300 francs en moyenne, et dans certaines régions il s'abaisse jusqu'à 40 fr. par hectare : l'enquête agricole en fait foi.

La tendance de l'agriculteur français à prendre en fermage une exploitation dépassant en importance le capital dont il peut disposer est la première cause de cette infériorité. En général, à sa prise de possession, l'agriculteur français redoit la moitié à peu près du capital, déjà insuffisant, de l'exploitation qui lui est cédée, et plus tard, quand il a prélevé sur des bénéfices restreints par cette insuffisance même l'intérêt de la dette contractée au départ, il fait usage du surplus, non pas à l'amélioration de sa culture, mais à l'amortissement de sa dette. Les années s'accumulent avant que l'amortissement soit complet. Alors, arrivent les charges de famille, d'instruction et d'établissement des enfants, qui absorbent à leur tour les bénéfices devenus disponibles. En reste-t-il quelque chose ? L'emploi que l'agriculteur en faisait autrefois à l'acquisition d'immeubles ajoutés à l'exploitation est devenu moins fréquent, les immeubles ayant fait place aux fonds publics et autres valeurs de bourse dans les combinaisons de placement, même parmi les agriculteurs.

Comment une agriculture à laquelle le capital nécessaire fait défaut, non-seulement par la difficulté de l'obtenir du crédit, mais encore par la direction irréfléchie donnée par l'exploitant à ses bénéfices disponibles, pourrait-elle acquérir la puissance de production que le sol ne révèle tout entière qu'à ceux qui lui restent fidèles, en ne portant pas ailleurs, sans lui en laisser la part nécessaire pour reconstituer et accroître sa faculté productrice, les ressources qu'ils retirent de lui? — « Si vous prêtez à la terre, a dit un agronome contemporain, à raison de 1,000 fr. par hectare, pour peu que vous soyez intelligent elle vous rendra 10 p. 100; si vous ne lui prêtez que 500 francs, elle vous marchandera 5 p. 100; mais si vous ne lui prêtez que 200 francs elle ne se croira pas obligée de vous les rendre.» (1)

En face de la hausse des salaires et des difficultés de la main-d'œuvre, un capital suffisant est aujourd'hui, plus que jamais, la condition nécessaire d'une agriculture prospère. Malheureusement, cette condition « est méconnue par la plupart des agriculteurs, qui ne peuvent comprendre qu'une faible étendue de terre cultivée avec un capital suffisant, est plus productive qu'une vaste étendue de terrain, manquant d'une bonne partie de l'outillage et des avances nécessaires à sa complète exploitation (2).

Sans prétendre au rendement de la culture anglaise

---

(1) *Enquête agricole*, Eure-et-Loir, p. 476.
(2) M. Le Hardy de Beaulieu, cité sup., p. 136, *note*.

du froment, d'ailleurs vraisemblablement exagéré dans les statistiques nouvelles (1), l'agriculture française se doit à elle-même de marcher de niveau avec la production belge, aujourd'hui en avance sur elle de plus de 30 pour 100. Il lui suffirait pour cela de se pénétrer davantage de certaines vérités économiques, et, s'inspirant d'un proverbe bien connu :

Aide-toi, le ciel t'aidera !

de mettre ces vérités en pratique avec l'auxiliaire du capital et de persévérants efforts. Le succès est à ce prix. La production accrue d'un tiers, sans augmentation de la surface cultivée, laisserait aux mains de l'agriculteur français 2,500,000 hectares soustraits à la culture du blé. Cette céréale n'occuperait plus que les terres qu'elle préfère, celles de classes supérieures, et cesserait d'être cultivée sur les terres où son produit, quels que soient les sacrifices, n'est aujourd'hui qu'imparfaitement rémunérateur. Se rend-t-on bien compte de la prodigieuse ressource de ces 2 millions et demi d'hectares disponibles pour la culture des fourrages et des plantes industrielles ? L'abondance du bétail de boucherie dans les exploitations, la production des engrais de

____

(1) La production anglaise du froment, sur huit fermes servant de types, était, en 1851, de 27 hectol. 22 lit. par hectare. *Times*, 10 janvier 1851 ; *Des charges de l'agriculture*, par M. Maurice Block, 1851, p. 118.

ferme, qui sont de tous les plus proches, les plus féconds et les moins chers, et avec la production des engrais, celle *du pain par la viande*, voilà quels en seraient les heureux résultats.

III.

Mais pour se livrer avec confiance et sans péril pour ses intérêts aux méthodes nouvelles déjà consacrées par l'expérience ; pour augmenter le capital d'exploitation, améliorer l'outillage et fournir à la terre les matières fertilisantes nécessaires aux grandes productions, il est indispensable que l'agriculteur soit pourvu d'un bail à long terme. Le terme de neuf années, ordinairement en usage, est insuffisant ; et voici quel en est l'emploi, divisé en trois périodes bien distinctes : durant la première, l'exploitant améliore la terre que le précédent fermier lui a livrée en mauvais état de culture ; durant la seconde, il tire profit de l'amélioration accomplie par la première, et durant la troisième, si le bail n'est renouvelé, l'exploitant cesse de continuer les engrais, même au risque certain de faire échec à ses propres intérêts, et finalement remet la terre à un nouveau fermier en aussi piteux état qu'il l'a reçue lui-même.

Il serait difficile d'imaginer un système plus défectueux. L'agriculture ainsi entendue imite à vrai

dire le rôle de Sisyphe ; elle roule le rocher et atteint avec lui, au bout de trois ans, le sommet, s'y
arrête autant d'années, non sans ressentir les effets
de la dernière chute, puis accomplit la descente en
une autre période égale pour recommencer encore.
L'agriculture tourne ainsi dans un cercle vicieux et
recommence sans cesse un travail qui, pour les baux
de neuf années, est aussi ingrat dans la première et
la troisième période, qu'il serait productif sous un
système d'amélioration où l'exploitant ne serait détourné par aucune préoccupation de ses obligations
envers le sol. — Heureusement, ces inconvénients
— on pourrait dire ces dangers — sont atténués
dans la pratique par le renouvellement en temps
opportun de la majeure partie des baux de 9 ans ;
mais ils n'en ont pas moins le tort d'amener à des
époques rapprochées, dans les relations du propriétaire et du fermier, une crise dont la production
fait le plus souvent les frais.

Quoi qu'il en soit, il est regrettable pour l'agriculture et les intérêts généraux de la production que
les baux à long terme — et par là nous entendons
ceux de plus de 9 ans — ne soient que l'exception. La statistique de 1862, après avoir constaté
que, pour la France entière, le nombre de fermes
tenues à bail s'élève à 568,688, fournit les détails
suivants sur la durée de leurs baux :

Baux de 3 ans.   96,555
  —   6 ans.   142,632
  —   9 ans.   288,390
Au-dessus.   41,111
                      568,688 (1).

Il résulte de cette division, qu'en France, un bail à peine sur quatorze est d'une durée suffisante pour que le fermier puisse entreprendre les améliorations d'une culture intelligente, progressive et à rendements supérieurs, sans être exposé à en perdre le bénéfice par une dépossession prématurée. Les plaintes sur ce sujet ont été aussi vives que répétées dans l'enquête agricole, mais sans pouvoir aboutir à aucune conclusion pratique. Les modifications dont un pareil régime peut être susceptible ne sont

---

(1) *Statistique de la France*, v° *Agriculture*, (1862), p. cix.— La division des baux au-dessus de 9 ans par département (même ouvrage, p. cx), présente de curieuses différences. Les départements où les baux à longue échéance existent en plus grand nombre sont : l'Aisne (651 baux), la Drôme (559), Eure-et-Loir (417), Seine-Inférieure (358), Seine-et-Oise (351), Marne (350), Loir-et-Cher (327), Ardennes, (276), Oise (275) ; ceux où le nombre en est le plus restreint sont : Haute-Loire (un seul bail), la Lozère (3), Ardèche et Vaucluse (5), la Manche (6), le Cantal (7), le Gard et l'Hérault (9), le Doubs, la Haute-Savoie et la Vendée (10). L département de Seine-et-Marne est celui où se trouve le plus grand nombre de baux à ferme de 9 ans ; on en compte 895.

pas, en effet, du domaine législatif, mais du domaine de la liberté des contrats.

Le droit de propriété exige d'être respecté jusque dans ses caprices, et on ne saurait imaginer qu'un propriétaire fût obligé d'accorder, dans un bail quelconque, une durée plus longue que celle en rapport avec ses intérêts, ses prévisions ou simplement sa volonté. La loi limite à neuf ans la durée des baux que le tuteur consent au nom du mineur, ou que le mari consent des biens de sa femme, et à dix-huit ans la durée des baux intéressant les communes et les établissements publics. En tout autre cas, elle laisse aux intéressés une entière liberté pour toutes les combinaisons que l'intérêt réciproque peut leur suggérer et n'intervient que pour suppléer à leur silence.

IV

Favorable à l'amélioration du sol, aux rendements supérieurs des produits et, par conséquent, à l'élévation du fermage, le bail à long terme devrait logiquement obtenir la préférence du propriétaire comme il obtient celle du fermier. Il n'en est pas ainsi, cependant, et cette contradiction ne repose pas seulement sur le préjugé d'une routine sans valeur, mais bien, dans la plupart des cas, sur une raison légitime, la raison de l'esprit de prévoyance, des nécessités de famille et de combinaisons variables selon la diversité des situations et des intérêts, Telle qu'elle est constituée en France, — et sa constitution, depuis 1789, y est supérieure à celle des autres pays, — avec le rôle actif, permanent, immense qu'elle occupe dans les transactions, et avec les avantages attachés généralement, en matière de vente, à l'immeuble libre de bail, il est à prévoir que la propriété foncière résistera, comme auparavant, à enchaîner sa liberté d'action par un fermage de longue durée. Attendre de l'intérêt du propriétaire, expliqué même par l'augmentation du prix de location à de certaines périodes déterminées d'avance, l'usage moins restreint du bail à long terme serait donc caresser une idée chimérique et sans avenir. L'idée véritablement pratique est celle qui, dégageant l'agriculture de l'erreur d'une exploitation affaiblie durant la dernière période du bail non renouvelé, ménage à la fois l'intérêt du propriétaire, du fermier remplacé et du fermier nouveau.

La solution en est simple, juste, et d'une application facile.

Dans les baux d'usines, et pour nous rapprocher davantage de la propriété rurale, dans les baux de moulins, l'outillage est ordinairement décrit et *prisé* lors de l'entrée en possession, et selon la nouvelle *prisée* faite à l'expiration du bail, le locataire reçoit ou paye une indemnité égale à la différence constatée.

Pourquoi n'en serait-il pas de même en matière de bail à ferme ordinaire? L'état présent des terres affermées serait vérifié, et à la fin de sa jouissance, si le bail n'était renouvelé, le fermier remplacé serait remboursé de ses impenses par son successeur, ou lui tiendrait compte des dépréciations existantes, indépendamment, dans ce dernier cas, de dommages-intérêts envers le propriétaire.

Tout cela est de l'essence de la convention privée et dépend uniquement d'une entente entre la propriété foncière et l'agriculture, l'une et l'autre également intéressées à la disparition de ces lacunes regrettables qui caractérisent généralement la fin des baux non renouvelés, suspendent l'amélioration du sol et pèsent d'un si grand poids sur la production moyenne agricole de la France.

Mais qui donnera l'exemple? Ici, l'influence légitime et les conseils de l'administration peuvent rendre de réels services, en déterminant les communes et les établissements publics à inscrire désormais dans leurs baux une clause aussi salutaire. L'exemple appartient également ou plutôt il s'impose aux grands propriétaires, et nul doute que l'impulsion, une fois donnée, ne se propage rapidement sur toute la surface du pays.

Le jour où l'agriculture et la propriété foncière auront fait ensemble cette conquête, on ne distinguera plus sur le sol les riches moissons du bail ayant encore une longue période à parcourir, des maigres produits du bail près d'expirer. Sous la sauvegarde des intérêts réciproques, le niveau de la production générale s'élèvera aussitôt d'un degré sensible. Une clause de quelques lignes dans un bail, et ce bienfait est assuré !

CHAPITRE XIII.

DU MORCELLEMENT ABUSIF DES PARCELLES. — RECONSTITUTION. — MOYENS. — AVANTAGES.

I

La Révolution de 1789, en supprimant les droits d'aînesse et de masculinité, les majorats et les substitutions, a rétabli l'égalité des droits des enfants à la succession du père et de la mère ; et de cette égalité naturelle, aujourd'hui profondément enracinée dans nos mœurs, est sortie comme conséquence qui était dans le dessein du législateur la division des héritages, l'un des plus grands bienfaits dont les événements de cette époque aient doté le pays.

C'est à la division des héritages que la France est redevable de la prodigieuse augmentation de sa richesse territoriale, et d'une population agricole plus saine, plus instruite, plus pénétrée du sentiment de la force morale et de la dignité personnelle.

C'est à l'aide de ce levier puissant que la propriété foncière, dégagée des entraves de l'ancien régime, a pris aussitôt dans son mode et ses moyens d'exploitation, dans son produit, son loyer, sa valeur vénale, l'essor qui n'a cessé de s'élargir jusqu'à nos jours. A côté de la grande culture, indispensable pour la production et l'élevage du bétail et utile au progrès pour les expériences agricoles, la division des héritages a créé la moyenne propriété, et de celle-ci est sortie à son tour la petite culture, qui a soustrait au salariat plusieurs millions de citoyens, et leur a donné un bien précieux et cher au cœur de l'homme : l'indépendance.

Mais il faut se garder en ceci de confondre la *division* avec le *morcellement*. Il y a dans l'acception vulgaire comme dans le sens légal une grande différence entre ces deux termes. La division des héritages, selon la législation, s'entend de leur partage au moyen de lots formés autant que possible de parcelles et d'exploitations distinctes. Le morcellement, lui, va beaucoup plus loin ; il s'entend, en général, de la distribution de chaque parcelle en autant de parts que de parties prenantes. Pour les parcelles de faible importance, cette opération est à l'autre ce que l'abus est à la chose utile.

On a reporté au code Napoléon la responsabilité de cet abus, mais ce reproche, dont la presse et la tribune ont été souvent l'écho, n'a d'exact que sa propre injustice. Lorsque, après avoir réglé d'une manière conforme à l'affection présumée du défunt l'ordre de succéder entre les héritiers légitimes, le Code Napoléon arrive au partage de l'hérédité, loin de se prêter par son texte ou même par son silence à l'exagération du morcellement, il prescrit au contraire (art. 832) « d'éviter autant que possible, dans la formation et composition des lots, de morceler les héritages et de diviser les exploitations. » Le législateur ne pouvait faire plus. En cette matière, son rôle, circonscrit par le droit de propriété, se borne à établir une règle plutôt comminatoire qu'impérative, applicable au cas où des mineurs et autres incapables de contracter sont intéressés dans le partage, mais qu'on ne saurait imposer à des héritiers majeurs et maîtres de leurs droits. Cette tâche, le Code Napoléon l'a remplie par son article 832. Le morcellement qui a fait du sol national un immense échiquier divisé en plus de 140 millions de cases inégales, réparties elles-mêmes entre 7,846,000 propriétaires et 14,317,065 cotes foncières (1), le morcellement a donc sa cause, non dans la législation, mais dans l'exercice plus ou moins raisonné du droit de propriété ; il est l'œuvre de la volonté des possesseurs ; et demander compte au Code Napoléon de ce qui s'est accompli d'abusif à cet égard, c'est assurément créer un grief imaginaire et oublier la prescription sage de l'art. 832, suffisante, sans être

---

(1) C'est le chiffre de 1868. *La France politique et sociale*, par M. Maurice Block, p. 220.

absolue, pour sauvegarder les intérêts légitimes contre les inconvénients du morcellement exagéré.

II

La division des héritages, sortie des entrailles de l'ordre social fondé en 1789, a été et restera féconde en bienfaits. Si la démonstration de cette vérité était nécessaire, elle ressortirait aussitôt d'une simple comparaison entre l'un des villages, assez rares aujourd'hui, dont le sol cultivé appartient tout entier à la grande propriété, et un autre village au sol divisé par les partages successifs entre possesseurs. Qu'il s'agisse du développement moral et intellectuel de la population ou de son aisance et de son bien-être, la différence en faveur du sol divisé est aussi sensible que manifeste.

Mais, si la division des héritages et le morcellement parcellaire non exagéré sont en harmonie parfaite avec les intérêts généraux, il en est autrement vis-à-vis de l'intérêt particulier de l'exploitant. Pour être convaincu de cette autre vérité, il suffit de comparer à une culture agglomérée, une culture d'égale étendue formée de parcelles éparpillées et la plupart éloignées du centre d'exploitation. Les avantages de la première sont d'une incontestable évidence. Il en est donc de la division des héritages et du morcellement des parcelles comme de toute chose humaine: ils ont leurs avantages et leurs défauts. (1) C'est une médaille à la face tournée vers les grands intérêts sociaux, au revers se traduisant pour la grande et la moyenne culture en obstacles dans la surveillance et l'assolement ; en perte de temps occasionnée par les allées et venues incessantes d'une parcelle à l'autre ; enfin, en la nécessité d'augmenter le personnel et le matériel d'exploitation ; d'où l'aggravation des frais généraux, c'est-à-dire une difficulté nouvelle ajoutée aux autres pour la concurrence de l'agriculture française avec les pays où la propriété rurale n'a pas subi la même transformation.

---

(1) Division des exploitations agricoles d'après la *Statistique de la France* (1862), p. 112 :

Exploitations.	Nombre.	Répartition pour 100.
De moins de 5 hectares.	1,815,558	56,29
De 5 à 10 —	619,843	19,19
De 10 à 20 —	363,769	11,28
De 20 à 30 —	176,744	5,49
De 30 à 40 —	95,796	2,98
De 40 et au-dessus.	154,167	4,77
	3,225,877	100,00

Moyenne : 10 hect. 50.

D'après le même document, p. 112, la proportion des petites propriétés au-dessous de 10 hectares était, en 1862, de 75.60 p. 100, et celle des moyennes et grandes propriétés (au-dessus de 10 hectares), de 24,40 p. 100.

Sans doute, cette infériorité ne concerne guère la petite culture, celle qui n'a pas besoin d'autrui pour sa main-d'œuvre, mais elle pèse lourdement sur la moyenne et la grande culture, et il est une foule d'exploitations où le morcellement des parcelles nécessite, en supplément, plusieurs hommes de labour, des animaux de trait et un matériel à proportion.

III

Mais, si grâce au travail persévérant de chaque jour qui compense pour elle une perte de temps dont elle est habituée à ne pas tenir compte, la petite culture n'a point à se préoccuper pour ses intérêts particuliers des difficultés qu'on vient de signaler, elle a beaucoup à souffrir du surcroît de travail manuel occasionné par un morcellement parcellaire dégénéré en véritable abus. La culture des plaines a résisté généralement à cette déchiqueture du sol, mais la culture des vallées, en partie, celle des côteaux tout entière y ont passé. Le sol entourant la plupart des villages présente aujourd'hui l'aspect d'un semis d'étroites parcelles, sans suite, sans ordre et parfois de contours bizarres. Ce n'est là, il est vrai, le côté ni le moins pittoresque, ni le moins intéressant pour l'observateur, et à voir ces innombrables parcelles cultivées avec des soins infinis, couvertes d'arbres à fruits qui en font comme autant de jardins reliant un village à l'autre (1) ; à voir ces infatigables travailleurs de la petite culture courbés sur le lopin de terre dont ils attendent pour leur famille une précieuse ressource, la pensée se reporte, par une juste comparaison, vers le labeur et la prévoyance dont l'essaim dans la ruche donne l'exemple si courageusement imité. Cependant, en face de ce travail accompli à bras, sans repos ni trêve, l'on ne peut hésiter à condamner un système de morcellement qui, rendant impraticable l'emploi des ani-

---

(1) Parmi les sites pittoresques de la vallée de l'Oise, l'un des plus dignes de l'admiration des touristes est assurément le plateau du mont Gannelon, ancien camp de la domination romaine au pied duquel l'Aisne, quittant son nom, confond ses eaux avec celles de l'Oise. Sur le versant de ce plateau, au milieu de nombreuses parcelles de la petite culture, se trouve, avec ses ravissants horizons, un *point de vue* dont le propriétaire, homme de bienveillance et de goût, laisse la disposition à tout visiteur. C'est une riante tonnelle de tilleuls encadrant de son ombrage une rangée de bancs de pierre. Sur l'un de ces bancs on peut lire, en caractères anciens respectés par le temps, cette maxime d'une vérité profonde, malgré sa forme paradoxale : « *Il n'y a de repos dans la vie que pour ceux qui travaillent.* » Ces simples mots gravés d'une main sûre, là, au milieu du travail ardu de chaque jour et d'une production sans cesse renaissante, inspirent un sentiment dont il appartient à une œuvre consacrée à l'agriculture de constater l'empreinte : C'est le sentiment de la grandeur et de la moralité du travail dans l'humanité.

maux de trait sur des surfaces abusivement réduites, crée une tâche pénible où la femme et même
l'enfant ont une large part. La superficie d'un
grand nombre de parcelles est tellement restreinte,
que parmi les cotes foncières il s'en trouve plus de
600,000 dont l'impôt n'excède pas en principal
cinq centimes, et que parmi les propriétaires inscrits
aux rôles fonciers, 3 millions, c'est-à-dire la moitié
environ, exemptés de la contribution personnelle,
sont dans une position voisine de l'indigence (1).

Le morcellement de la propriété rurale n'est pas,
du reste, un fait nouveau. L'idée, généralement répandue, qu'il daterait de notre première révolution
et aurait pour cause unique le système des droits
égaux des enfants à l'héritage paternel, est une

---

(1) Voici la division des cotes foncières à deux époques séparées par un intervalle de 30 années :

	En 1835.	En 1866.
Au-dessous de 5 fr.	5,205,411	7,476,217
De 5 à 10	1,751,994	2,130.900
De 10 à 20	1,524,251	1,818,200
De 20 à 30	739,206	841,600
De 30 à 50	674,165	768,200
De 50 à 100	553,230	612,500
De 100 à 300	341,159	365,000
De 300 à 500	57,555	57,600
De 500 à 1000	33,196	37,300
Au-dessus de 1000	13,161	15,600
	10,893,528	14,123,117

erreur matérielle. Le morcellement des terres existait à un très-haut degré avant cette époque, et le célèbre agronome anglais Arthur Young, visitant la France en 1787-1790, l'avait déjà constaté :

« Dans la Lorraine et la Champagne, dit-il, j'ai plus d'une fois vu cette division portée à un tel excès, que dix perches de terre où se trouvait un seul arbre fruitier étaient la seule propriété de toute une famille.... Je n'ai en vue, ajoute-t-il ailleurs, que les fermes données à rente ; mais il y en a d'une autre espèce dans presque toutes les provinces de France, j'entends les petites propriétés, c'est-à-dire de petites fermes appartenant à ceux qui les cultivent. Le nombre en est si grand, que je croirais qu'il comprend un tiers du royaume. Les propriétés forment quelquefois des fermes de dix acres (4 hect. 04 ares, 69 cent.), de cinq, de deux et même d'un seul ; bien plus, j'en ai vu quelques-unes d'un demi-quart d'acre, avec une famille qui leur était attachée, comme si c'eût été une ferme de cent acres. »

Le morcellement des terres est donc l'effet d'une loi économique en vigueur depuis des siècles dans notre pays. Les lois nouvelles sur la division des héritages dans les successions, et l'impulsion imprimée au morcellement par la vente des biens nationaux ne suffiraient pas, sans ce précédent, à expliquer comment le nombre des cotes foncières atteignait déjà, en 1815, le chiffre énorme de 10,083,731, tandis qu'aujourd'hui, malgré l'essor considérable imprimé aux ventes en détail des grands domaines, malgré la réunion de la Savoie et du comté de Nice à la France, ce chiffre n'est encore que de 14,317,065, n'ayant gagné durant un demi-siècle que 4 millions de cotes, parmi lesquelles plus de 2 millions s'appliquent aux propriétés bâties. Il est d'ailleurs très-contestable que le morcellement s'augmente sans cesse dans les proportions souvent signalées, car, si, par une opération sur les registres matriciels de la contribution foncière, il est facile d'ajouter aux parcelles anciennes celles provenant d'un morcellement nouveau, il l'est beaucoup moins d'en éliminer les parcelles réunies successivement, par voie d'acquisition ou d'échange, à d'autres parcelles possédées par le même propriétaire. On peut donc, se fondant sur cette compensation considérable dont il n'est pas tenu compte dans les statistiques administratives, avancer sans témérité que le morcellement, tel que les statistiques le font connaître, continu dans une proportion restreinte, n'a sa réalité pour le surplus que sur les registres matriciels, non sur le sol lui-même. Cette opinion s'appuierait au besoin d'un document (1)

---

(1) Cité par M. Hyp. Passy : *Des systèmes de culture*, p. 171, 172.

selon lequel des cantons, cadastrés en 1810, et recadastrés de 1840 à 1845, ont présenté, les uns une légère augmentation et les autres, une diminution du nombre des parcelles.

IV

Le morcellement modéré du sol cultivé est dans l'intérêt comme dans la tendance générale de tous les peuples (1). Hors ses abus, il n'est guère combattu aujourd'hui que par les amis de vieilles institutions tombées sans retour. L'abus du morcellement a sa source dans la passion des habitants des campagnes pour la possession du sol qu'ils cultivent et fécondent de leur travail, passion d'ailleurs légitime et qui les rattache à l'intérêt général par le lien le plus sûr, celui de la propriété; mais une autre cause, peut-être plus efficiente encore, existait autrefois, c'était le déplorable état des chemins vicinaux. L'absence d'une bonne viabilité, en rendant

______

(1) A propos de la question irlandaise agitée dans le Parlement anglais, l'un des orateurs, M. Bright, membre du gouvernement, a dit : « Qu'il ne pouvait que maintenir ce qu'il avait affirmé bien des fois déjà ; à savoir que l'Irlande ne serait jamais tranquille tant que la propriété foncière n'y serait pas plus morcelée qu'elle ne l'est actuellement. » (Journal *La Liberté*, 3 mai 1869.)

difficile et parfois impossible l'emploi des instruments de culture et le transport des produits, a développé la culture à bras et entraîné à la division immodérée des parcelles.

Les efforts du gouvernement pour améliorer par une meilleure vicinalité cette situation regrettable, sont restés longtemps à peu près stériles, à cause de l'hostilité constante de la population rurale à l'endroit des prestations en nature, forme de concours qui lui rappelait le souvenir odieux de la corvée sous l'ancien régime; mais après la révolution de 1830 et l'excellente loi du 21 mai 1836, cette hostilité irréfléchie s'étant affaiblie sous l'expérience pratique et l'évidence des résultats, une réaction s'est produite dans les esprits contre le morcellement indéfini. Aujourd'hui, toute parcelle d'une superficie insuffisante pour être utilement cultivée par l'emploi d'un animal de trait, est discréditée et perd plus de la moitié de sa valeur. Cependant, à cause de cette dépréciation même, de longues années passeront encore avant que la partie morcelée du sol soit rendue, par la voie des échanges et des ventes de parcelles contiguës, à l'état normal où les défauts du morcellement auront disparu. C'est aux lois fiscales qu'il appartient d'aider le mouvement de reconstitution qui s'est fait jour dans l'esprit de la population agricole; c'est aux propriétaires à l'encourager par

l'exemple, et au nombre des exemples on va voir
que le plus efficace, le plus fécond, le plus digne
d'être médité est celui d'une entente commune, facile
à réaliser à la satisfaction des intérêts divers, lorsque chacun apporte à la solution l'esprit de conciliation, d'équité et de justice.

Parmi les villages de la vallée de l'Oise où le morcellement des parcelles a été longtemps le système
dominant, il faut placer en tête celui de Jaux, village
de 853 habitants attachés à la culture du sol, comme
toute cette robuste population des bords de l'Oise,
si digne d'exemple par son amour du travail, la sobriété de sa vie, son goût prévoyant et raisonné
de l'épargne. Il y a moins de 20 ans, le village de
Jaux n'avait ni chemins de communication, ni chemins vicinaux praticables ; mais une belle route est
venue le traverser, transformant dans son parcours
les chemins impraticables en voies de communication faciles, et la valeur des immeubles a rapidement
augmenté. Malheureusement, le temps n'est pas
encore éloigné où, dans la plupart des campagnes,
un partage d'immeubles se réduisait à une opération
fort simple : Point d'expertise ni de combinaison de
lotissement ; chacun prenait dans chaque parcelle
une part correspondante à son droit héréditaire et
l'opération était close. Il en est arrivé qu'un jour, le
territoire communal de Jaux, dont l'étendue est de

863 hectares, s'est trouvé divisé en 17,026 parcelles (1). C'est en moyenne 5 ares seulement par parcelle, et il en est un grand nombre dont la superficie, inférieure à un are, descend jusqu'à 40 et même 20 centiares.

On comprend l'erreur du morcellement poussé à cette limite extrême : Perte de terrain pour le tracé de délimitation entre chaque parcelle, surcroît de travail manuel, assolement impossible, tels sont les principaux griefs dont les habitants ne pouvaient manquer de se rendre compte, une fois en possession de bonnes voies de communication pour la culture de leurs terres. Il s'ensuivit une sorte de compromis tacite, résultat de la force des choses, accepté avec cet accord instinctif qui n'a pas besoin d'être concerté parce qu'il correspond à un intérêt commun. Les petites parcelles, celles où l'engrais est d'ordinaire porté à bras, à dos ou à la hotte par la femme, où la culture est faite à la bêche par le mari, furent déclassées de valeur. Ces coins de terre, comme on les appelle dans le pays, ne trouvent plus

---

(1) 17,026 parcelles pour 863 hectares ! Sous ce rapport, le village de Jaux laisse loin en arrière la commune de la Meuse signalée dans le travail de M. Monny de Mornay, sur l'enquête agricole (p. 19), à cause de son morcellement parcellaire, qui serait de 5348 parcelles pour 832 hectares appartenant à 270 propriétaires.

aujourd'hui locataire ou acheteur qu'à vil prix. Grâce à cette entente, non pas concertée, nous le répétons, mais née de la conformité des intérêts, bon nombre de petites parcelles ont été réunies par vente ou échange aux parcelles voisines ; mais, à l'inconvénient d'une dépréciation sensible sur la valeur ancienne des petites parcelles, ce mode en ajoute un autre, celui d'exiger de longues années avant que les propriétaires se soient résignés au sacrifice de leur prétention à un prix plus élevé. Or, les habitants de Jaux ont judicieusement pensé qu'en écartant l'un et l'autre inconvénient, ils supprimeraient du même coup les obstacles fondés, en cette matière, plus rarement sur les véritables intérêts que sur des prétextes sans valeur, et voici, dans sa simplicité, l'opération qu'ils ont conçue :

Non loin du village, dans le canton appelé le Pré-Griset, existait un bois d'une contenance de 10 hectares environ, formé de la réunion de plus de 400 parcelles, et susceptible d'une augmentation considérable par le défrichement et la mise en culture. Ce qu'il y avait à faire en cette occurrence, les propriétaires l'ont compris avec la clairvoyance et le rare bon sens dont les habitants des campagnes font preuve constante dans la conduite de leurs intérêts, toutes les fois qu'une obstination discordante ne vient pas se jeter au milieu de l'harmonie générale, et, aux dépens de ses propres intérêts, faire échec à ceux d'autrui. Sous la forme d'un contrat de société, ils ont fusionné leurs parcelles, réglé les conditions et le but de cette fusion et nommé un administrateur. Puis, le bois du Pré-Griset, dépouillé de sa superficie réservée à chaque propriétaire, divisé par lots en rapport pour l'étendue avec la culture du pays, et mis en vente à la criée, a été adjugé en détail au prix de 8,135 fr. l'hectare, prix que les heureux fusionistes se sont partagé à proportion de la mesure de leurs parcelles.

Telle est l'opération que l'entente sage et réfléchie de plus de 300 propriétaires a permis de conduire à bonne fin. Valeur quadruplée à leur profit, mise en culture d'un sol excellent mais jusqu'alors à peu près improductif, amélioration des terres voisines sur lesquelles le bois projetait l'ombre et attirait un excès d'humidité, tels sont les avantages de cette association d'intérêts véritablement digne d'être citée. Espérons que cet exemple, fondé sur l'expérience pratique et la sûreté des résultats, servira de guide, et que partout où l'agriculture souffre d'un morcellement exagéré, les 300 propriétaires du bois du Pré-Griset trouveront des imitateurs.

V

Le rôle de l'échange pour la reconstitution du sol morcelé a toujours été insuffisant. Quoique sollicité sans cesse par l'état de la petite propriété, et par l'intérêt des possesseurs, le contrat d'échange est très-rare. Deux causes y font obstacle : la difficulté d'un accord, dès que de chaque côté la parcelle à échanger dépasse une valeur de 4 à 500 francs, et l'exagération relative des frais. L'échange, au surplus, n'est guère pratique qu'entre petits possesseurs, et pour le petit possesseur, une parcelle de 4 à 500 francs n'est déjà plus une parcelle à échanger ; elle lui suffit, pouvant être cultivée par un animal de trait ; il ne l'échangera que s'il se rencontre en la possession de son copermutant une parcelle de même mesure et de même valeur. Aucune soulte ne sera stipulée, ni l'un ni l'autre ne voulant rien vendre, rien distraire de sa possession.

On pressent, par cette courte explication, les difficultés que soulève l'échange des petites parcelles, difficultés qui s'élargissent encore quand, au lieu d'un échange, c'est une vente qui est sollicitée.

L'échange est à la reconstitution du sol morcelé ce que serait l'araire des Romains à la charrue perfectionnée de nos jours. L'opération véritablement

efficace en cette matière est celle qui, s'appliquant
aux larges surfaces, condense les difficultés et les
intérêts, aplanit les unes et satisfait les autres, grâce
à un concours d'influences, d'explications, d'idées
conciliatrices qui échappe nécessairement à l'é-
change particulier. C'est, en un mot, l'opération
récemment accomplie dans un village de l'Oise, aux
applaudissements des intéressés et avec le plus en-
courageant succès.

La forme qui se prête le plus facilement à l'exécution pratique d'une telle opération est celle du contrat de société, aussi abrégé que possible, mais complété par un état annexe, renfermant la désignation
et l'établissement de propriété des immeubles fu-
sionnés, ainsi que les conditions de la vente.

Le mode de vente direct, exigeant la présence des
vendeurs à l'adjudication et aux libérations, serait
impraticable, et celui d'une vente par procuration de
chaque propriétaire entraînerait à des frais onéreux
à force d'être répétés. L'un et l'autre ont, d'ailleurs, l'inconvénient d'exposer l'opération à être
brusquement interrompue par le décès de l'un des
intéressés. Quoi qu'il en soit, comme toute opération ayant la propriété foncière pour objet, celle-ci,
sous la forme d'un acte de société, rencontre à son
début un obstacle fiscal : le droit proportionnel de
transcription hypothécaire. Comment l'éviter, si ce

n'est en se dispensant de requérir la transcription elle-même, au risque d'une lacune dans le transfert de la propriété, du possesseur à la société ? Le droit de transcription, quoique d'un produit sans importance ici pour le fisc (1), est un grave obstacle dans ce genre de transaction, et il y a lieu d'en solliciter la réduction au simple droit fixe. Cette réduction se justifie d'ailleurs d'elle-même, car, dans l'intention commune, l'acte d'union n'est que le préliminaire d'une opération dont le véritable objet est la vente directe des parcelles par leurs propriétaires. Quelle que soit la fiction attachée par la loi civile aux effets de l'acte de société, relativement au déplacement du droit de propriété, il est souverainement injuste que la loi fiscale s'en empare pour en faire, à quelques jours de distance, le profit d'un double droit entravant une opération utile à la propriété foncière comme à l'agriculture, et fructueuse pour le fisc lui-même.

VI

Ce qu'une opération de reconstitution du sol morcelé exige de persévérants efforts, en face de 300 pro-

______

(1) Le droit de transcription sur les actes de société concernant des apports d'immeubles, perçu en 1867 sur une valeur de 2,854,873 fr., a produit la somme de 47,105 fr., décime compris.

priétaires de village, l'auteur pourrait le dire en toute expérience, mais il suffit d'avoir démontré que les difficultés n'en sont point insurmontables. Toujours plus grandes au début dans une contrée, elles s'aplanissent devant le raisonnement et l'intérêt, éclairés par la multiplicité des exemples. D'un autre côté, il serait illogique d'admettre en pareille matière aucune théorie absolue. Tout dépend des usages et de l'intelligence économique du pays où se fait l'opération. Ne point heurter ces usages, ni même les préjugés, est la première condition du succès. Au point de vue absolu, la solution favorable n'exige qu'une chose : la persévérance, soutenue par la conscience d'un progrès accompli.

Les avantages du démorcellement sont pour l'agriculture aussi manifestes que la lumière. Pour les rendre en quelque sorte palpables, il suffirait de placer en regard l'une de l'autre la possession d'un hectare de terre en vingt parcelles, différentes de contour et de superficie, et la possession d'un hectare de terre d'un seul tenant. Il n'est pas besoin d'être agriculteur pour décider de la préférence. Difficultés d'assolement et de délimitation, pertes de temps chaque jour répétées, voilà les inconvénients de la culture des vingt parcelles; ces inconvénients évités, une main-d'œuvre abrégée par l'emploi d'animaux de trait, voilà les avantages de la culture agglomérée. Sans doute, dans les villages, certain nombre de parcelles réduites, sans compter les jardins, seront toujours indispensables aux petits possesseurs pour la culture des arbres fruitiers et des plantes légumineuses ; mais à part cette réserve, la culture agglomérée conserve sa supériorité, qu'il s'agisse de faciliter le travail ou d'accroître la production.

Nous n'avons fait aucune allusion aux lois allemandes sur la matière. Selon ces lois, la reconstitution du sol morcelé serait de droit à l'expiration de certaines périodes d'années.

En Saxe, par exemple, le propriétaire doit s'y soumettre dans les cas suivants : 1° lorsque la réunion est adoptée par la majorité des propriétaires ; 2° quand cette réunion a pour résultat de supprimer, en tout ou en partie, la servitude de vaine pâture (1). Malgré le soin apporté à la pondération des divers intérêts, une telle législation est incompatible avec les idées françaises sur le droit de propriété. Elle soulèverait dans les campagnes les défiances, les protestations et les orages. Dans cette intéressante question de la réunion des parcelles

____

(1) Loi du 14 juillet 1834. — On entend par majorité le vote des propriétaires qui possèdent les deux tiers du sol à reconstituer.

après morcellement abusif, l'initiative privée, guidée par le discernement des intérêts réciproques, sera toujours le meilleur mode pour arriver à l'entente commune, selon les temps, les lieux et les circonstances. L'intervention législative ne peut être utilement sollicitée que pour déblayer le chemin des charges fiscales et des formalités exagérées qui peuvent l'encombrer.

CHAPITRE XIV

I

La transmission de la propriété, soit mobilière,
soit foncière, s'opère à titre gratuit ou onéreux. —
A titre gratuit par succession, donation entre-vifs ou
testament ; à titre onéreux par vente ou par échange.
Quelles que soient d'ailleurs la forme et les combinaisons imaginées par les contractants pour en constater l'existence, la transmission de propriété est
régie, selon sa nature, par les principes applicables
au mode auquel elle se rapporte.

Toute mutation de propriété est assujettie à un
droit fiscal proportionnel. — En matière immobilière, hors le cas de succession, de donation entre
époux, de testament ne renfermant aucune charge
de restitution, ce premier impôt fiscal s'augmente
d'un autre impôt également proportionnel, appelé
droit de transcription, et qui, sauf le cas de partage
d'ascendant, se perçoit comme le droit de transmis-

sion lui-même lors de l'enregistrement de l'acte in-strument de la mutation. —Voici le tarif de ce double impôt dans ses rapports avec la propriété foncière :

	En ligne directe.	Frères et sœurs, neveux et nièces oncles et tantes.	Grands-oncles, grand'-tantes, petits-neveux, petites-nièces, cousins germains.	Parents au delà du 4e degré jusqu'au 12e.	Personnes non parentes. (Les alliés sont de ce nombre)
1° Mutation par décès	4 °/₀	6 50	7	8 »	9 (1)
2° Mutation par dona-tion entre-vifs, hors contrat de mariage, et hors partage d'as-cendants.	4	6 50	7	8 »	9
3° Mutation par dona-tion en faveur de mariage	2 75	4 50	5	5 50	6

(1) Les enfants naturels appelés à la succession, à défaut de parents au degré successible, sont considérés, quant à la quotité du droit, comme personnes non parentes. (Loi 28 avril 1846, art. 53.)

En ce qui concerne les donations entre-vifs, même celles faites avec charge de rendre aux enfants nés et à naître du donataire, le tarif comprend le droit proportionnel de transcription (1 fr. 50 p. 0/0); mais en matière testamentaire avec charge de resti-tution aux enfants du légataire, le droit de tran-scription doit être ajouté à celui du tarif, quand la disposition a des immeubles pour objet.

4° Mutation par donation entre-vifs, contenant partage d'ascendant, 1 p. 0/0 ; mais ce droit est indépendant de celui à percevoir au bureau des hypothèques de la situation des immeubles, lors de la transcription de l'acte de partage ;

5° Mutation par disposition entre époux, 3 p. 0/0. — La donation à cause de mort ou le testament renfermant une disposition de cette nature ne sont pas assujettis à la formalité de la transcription. — D'un autre côté, si l'époux recueille la succession de son conjoint comme héritier, à défaut de parents au degré successible, il est considéré, quant à la quotité du droit, comme personne non parente ;

6° Mutation par vente, 5.50 p. 0/0 compris le droit de transcription ;

7° Mutation par échange, 2.50 p. 0/0 droit de transcription compris ;

8° Mutation par soulte d'échange, même perception que pour la vente ;

9° La soulte de partage immobilier est assujettie au droit de 4 p. 0/0, mais elle est exempte du droit de transcription ;

10° Lorsque la nue propriété est seule transmise, le droit entier est perçu ; si elle est transmise à une personne, et l'usufruit à une autre personne, il est perçu, outre le droit entier sur la nue propriété, un demi-droit sur l'usufruit. Cette obligation pour le nu propriétaire d'acquitter le droit fiscal au taux fixé pour l'investissement de la propriété tout entière, a été souvent et justement critiquée.

Les indications précédentes ne concernent que le droit en principal ; elles sont indépendantes du décime à percevoir sur les mutations à titres onéreux, et du décime et demi sur les autres mutations.

En toute autre matière que la vente, la soulte de partage et la soulte d'échange, le capital pour l'assiette du droit est déterminé par vingt fois le revenu déclaré des immeubles, augmenté s'il ne s'y trouve compris, de l'impôt foncier, compté lui-même pour le quart du revenu, si le chiffre n'en est attesté par la représentation d'un extrait du rôle ou de la matrice cadastrale. — Quant à la vente, le prix fixé par l'acte détermine l'assiette du droit. Il en est de même du partage ou de l'échange avec soulte. — Enfin, si la transmission a pour objet ou pour prix une rente viagère, le capital est formé par dix années d'arrérages.

Il n'est fait aucune déduction des charges, même de celles hypothécaires, et la perception est calculée en suivant la valeur ou le prix de 20 francs en 20 francs inclusivement et sans fraction intermédiaire.

Voici le tableau des droits perçus sur les différentes mutations de meubles et d'immeubles en l'année 1867 :

MUTATIONS PAR DÉCÈS.	DROITS CONSTATÉS pour l'exercice 1867.	
	sur les meubles.	sur les immeubles.
En ligne directe.	10,264,278	13,815,266
Entre époux.	5,338,714	5,290,270
En ligne collatérale.	27,847,355	22,625,766
Entre personnes non parentes.	7,737,956	4,085,372
	51,155,303	45,816,674
TRANSMISSIONS ENTRE-VIFS A TITRE GRATUIT.		
En ligne directe	6,674,229	6,474,060
Entre époux.	34,294	38,706
En ligne collatérale.	792,707	1,460,253
Entre personnes non parentes.	678,262	843,976
	8,179,492	8,516,995
TRANSMISSIONS ENTRE-VIFS A TITRE ONÉREUX.		
Meubles (1).	12,862,466	

	DROITS CONSTATÉS
Ventes d'immeubles.	118,297,369
Licitations et soultes de partages entre cohéritiers et copropriétaires au même titre.	7,160,547
Soultes de distributions de biens (partages d'ascendants).	4,011,091
Réunions de l'usufruit à la nue propriété, lorsque le droit de transcription n'a pas été perçu.	354,522
Résolutions de contrats de ventes par jugements.	95,107
Échanges (sur l'une des parts).	1,060,534
Retours ou plus-value dans les échanges.	1,024,444
Adjudications d'immeubles dépendant de successions bénéficiaires, au profit des héritiers.	326,019
Ventes de domaines de l'Etat.	73,843
Retrait successoral.	5
Ventes de biens situés soit en pays étrangers, soit dans les colonies françaises.	5,137
Actes de société contenant des apports d'immeubles (droit de transcription.	47,105
TOTAL, un seul décime compris	129,455,702

(1) Les principaux articles entrés dans cette recette sont, un décime compris :

Ventes de meubles et récoltes sur pied.	6.596,003 fr.
Ventes de coupes de bois.	1,615,974
Constitutions, cessions et délégations de rentes ou pensions.	406,001
Cessions et délégations de créances à terme.	2.535,849
Transmissions de toute nature d'offices.	1,393,381

II

Ces prémisses étaient nécessaires pour la réunion des divers éléments dont se composent les frais des mutations foncières. Elles permettent d'en comparer les chiffres entre eux, en les rapportant à la valeur ou au prix des immeubles transmis. Nous allons faire cette opération en ce qui concerne la vente, contrat dont l'emploi laisse loin en arrière, par le nombre, les autres formes de transmission de la propriété par acte public. Les détails relatifs à celles-ci seraient d'ailleurs superflus, étant les mêmes que ceux de la vente, sauf la substitution des droits fiscaux qui leur sont propres.

	COUT D'UNE VENTE AU PRIX			
	de 100 fr.	de 1000 fr.	de 10,000 fr.	de 100,000 f.
Enregistrement..........	6 05	60 50	605 »	6,050 »
Timbre.. { Minute.........	0 50	0 50	1 50	3 »
Timbre.. { Expédition.....	1 50	1 50	3 »	7 50
Honoraires du notaire (1).....	1 »	10 »	100 »	1,000 »
Expédition à 2 fr. par rôle (2).	4 »	4 »	8 »	20 »
Transcription hypothécaire...	4 44	6 44	8 52	14 55
Totaux......	17 49	82 64	726 02	7.095 05

(1) Pour les ventes de 100 francs et au-dessous, l'honoraire minimum d'usage est généralement de 3 fr.

(2) Le tarif des expéditions diffère (3 fr., 2 fr. et 1 fr. 50 par rôle), selon la classe des notaires; mais la différence, en ce qui concerne la 3e classe (justice de paix), est compensée par les frais d'envoi et de retour des contrats au bureau des hypothèques.

Ces détails s'appliquent à une vente dont le prix est quittancé dans le contrat. Au cas contraire, il y a lieu d'ajouter le coût de l'inscription d'office, soit 1 fr. 85, et le coût de la grosse du contrat (égal à celui de l'expédition) que le vendeur peut exiger.

Pour connaître les inscriptions existantes, un état doit être levé à la conservation des hypothèques; coût minimum, évalué en prenant pour base un certificat négatif ne s'étendant pas aux anciens propriétaires : 2 fr. 50.

Enfin, si les immeubles vendus sont grevés ou soupçonnés grevés d'hypothèques légales, la loi prescrit pour les en affranchir des formalités compliquées, la plupart inutiles, dont les frais peuvent être évalués à 60, 80, 100, 150 ou 300 francs, selon l'importance de la vente. Les deux premiers chiffres sont abaissés à raison de ce que, dans la pratique, au regard d'une vente peu importante, on peut, en se bornant à la purge des hypothèques légales *connues*, mais non inscrites, éviter la coûteuse insertion au journal judiciaire et la notification au parquet.

De ces détails, il résulte que les frais d'une vente d'immeubles, régularisée par acte public, sont proportionnés au prix comme suit, sauf modification, selon le nombre de rôles d'expédition et de grosse en supplément de ceux évalués en rapport avec l'importance du contrat dans le tableau précédent :

VENTE AU PRIX	CONTRAT quittancé. — Pour 100.	CONTRAT non quittancé. — Pour 100.	CONTRAT avec purge légale. — Pour 100.
De 50 francs. . . .	30,02	38,72	169,72
De 100 —	17,49	21,84	87,34
De 500 —	9,12	10,00	23,09
De 1,000 —	8,26	8,79	15,24
De 2,000 —	8,20	8,04	12,96
De 10,000 —	7,26	7,33	8,44
De 100,000 —	7,09	7,10	7,43

Écartant les deux points extrêmes de ce tableau, et bornant la comparaison entre la vente de 100 fr. et celle de 10,000 fr., on constate que le coût de la première est de 17, 49, — 21, 84 ou 87, 34 p. 100, tandis que le coût de la seconde s'abaisse à 7, 26, — 7, 33 ou 8, 44 p. 100 selon les cas. — De plus, lorsque le prix de la vente, au lieu d'être quittancé dans le contrat, est payable à terme, les mêmes différences relatives se retrouvent dans le coût de la quittance postérieure, qui varie de 10 fr. 60 p. 100, compris la radiation de l'inscription d'office, pour un prix de 100 fr., à 1 fr. 39 p. 100 pour un prix de 10,000 fr.

Et, qu'on le remarque bien, il ne s'agit point ici d'une exception isolée, insuffisante pour servir de fondement à la critique d'un système; il s'agit des contrats par lesquels se manifeste le mouvement de la petite propriété rurale, contrats qui dépassent en nombre les neuf dixièmes du total, et en importance cinq cents millions par année, selon l'évaluation basée sur la division des ventes pour l'année 1841 et dont voici le relevé (1) :

	NOMBRE DES VENTES.	PRIX DES VENTES.
Ventes de 600 francs et au-dessous. .	701,021	169,207,728
Ventes de 600 à 1200 francs	162,503	141,845,741
Ventes au-dessus de 1200 francs. . .	195,917	1,071,365,021
	1,059,441	1,382,418,490

Avant la loi du 27 mars 1855, qui a rendu obligatoire la transcription hypothécaire pour opérer la mutation de propriété à l'égard des tiers, le cinquième à peine des contrats de vente étaient transcrits, comme le constate le relevé officiel suivant, applicable à l'année 1841 :

---

(1) *Documents officiels relatifs au régime hypothécaire*, publiés par ordre de M. le Garde des sceaux, 1844.

	NOMBRE DES VENTES transcrites.	PRIX DES VENTES transcrites.
Ventes de 600 francs et au-dessous. .	85,939	27,387,436
Ventes de 600 à 1200 francs.	48,300	43,034,527
Ventes au-dessus de 1200 francs . . .	97,538	795,556,535
	234,777	865,978,498

Plus de 800 mille ventes, dont les prix dépassaient 500 millions de francs, n'étaient donc pas transcrites sous l'empire du Code civil, qui faisait découler la mutation, non de la transcription, mais du titre lui-même. En généralisant l'obligation de transcrire, restreinte jusque-là aux seuls actes portant donation entre-vifs ou disposition testamentaire grevée de restitution, la loi de 1855 a été pour la propriété foncière l'occasion d'un nouvel impôt qui, calculé à raison de 5 fr. en moyenne par contrat de vente auparavant non transcrit, s'élève à plus de 4 millions par année.

Tels sont pour la vente réalisée de gré à gré les frais que doit supporter l'acheteur. Le détail en a-t-il jamais été présenté sous une forme aussi exacte et aussi saisissante? Nous l'ignorons; mais il est incontestable que ces frais constituent dans leur

ensemble un impôt progressif, pesant davantage à
mesure que s'abaisse en valeur son objet, et par
conséquent souverainement inique. Un tel impôt,
s'adressant à la richesse, n'effacerait pas pour cela le
vice inséparable de son improportionnalité ; mais,
appliqué au rebours, frappant la propriété à proportion de la décroissance de sa valeur, il ne saurait
échapper à une critique sévère, que peut seul tem-
pérer le respect des lois fiscales existantes, si condamnable qu'en soit l'économie, tant qu'elles n'ont
pas été modifiées par le législateur.

III.

Les frais que doit supporter l'acheteur sont limi-
tés à ceux du contrat et des formalités extrinsèques
de transcription et de purge des hypothèques légales
non inscrites, mais il est des cas où la propriété n'est
pas quitte à si bon marché. Lorsque les immeubles
transmis sont grevés de charges hypothécaires excédant leur valeur, d'autres frais, prélevés par privilége, réduisent considérablement le prix, quand
ils ne l'absorbent pas tout entier, dans les mutations
de moyenne et petite importance : ce sont les frais
de la notification du contrat aux créanciers inscrits
et ceux du délaissement par hypothèque. Ces deux

procédures superposées, inutiles, intolérables par leur dépense, tendent, à la vérité, à disparaître en fait, sous l'application énergique de la nouvelle loi sur les ordres, mais elles ne pèsent pas moins sur le crédit général de la propriété par la crainte qu'elles inspirent. Les frais de notification excèdent souvent le prix de l'immeuble transmis. Dans le cas d'une vente au prix de 250 francs transcrite à la charge de 5 ou 6 inscriptions, ils se sont élevés à 273 fr., absorbant ainsi le prix, n'en laissant rien aux créanciers inscrits et ne laissant au vendeur que la carte à payer de la différence. Ce n'est là, du reste, que l'épisode ordinaire de cette procédure en matière de petits contrats. Dans les contrats importants, c'est souvent par milliers de francs qu'il faut calculer les frais de notification, sans chercher leur base dans la proportion de la valeur transmise, mais bien dans le nombre d'acquéreurs et de créanciers engagés dans la procédure par leurs intérêts. Quant au délaissement par hypothèque, c'est une procédure d'expropriation particulière, ayant son point de départ dans la déclaration de délaissement pure et simple que fait au greffe l'acquéreur mis en cause par les créanciers inscrits. Enfin, au bout de ces formalités, où tout est déjà ruine pour le petit patrimoine, n'oublions pas l'ordre en justice, apportant, lui aussi, un contingent de frais plus que considérable quand il s'agit de parcelles rurales de peu d'importance. Toutefois, il est de notre impartialité de rendre à la loi du 21 mai 1858 un hommage mérité, et de reconnaître qu'en cette matière elle a abrégé les délais et diminué les frais. Cette loi a été, dès son début, un soulagement pour le crédit de la propriété foncière, malgré des défauts regrettables, parmi lesquels il faut noter la conservation des procédures de notification et de délaissement, condamnées par l'expérience, l'équité, la raison. Ajoutons-y l'omission d'une disposition destinée à faciliter la tâche des juges-commissaires, en éloignant de la procédure de l'ordre les contestations sans fondement, l'esprit de chicane, et en conservant au règlement amiable la plus grande partie des ordres qui, grâce à cette lacune comblée chez nos voisins, les Belges, par l'article 108 d'une loi du 15 août 1854, passent chaque année au règlement purement judiciaire et aggravent par là les délais et les frais (1).

---

(1) Nombre d'ordres terminés en 1867, d'après le rapport officiel : 6,616; réglés à l'amiable : 4,409; réglés judiciairement : 2,207 (33 p. 100); sommes distribuées : 85,942,429 fr. ; sommes réclamées par les créanciers inscrits : 151,182,947 fr. ; frais taxés : 2,098,721 fr.

IV

Et maintenant, si de la vente faite de gré à gré nous passons à celle faite devant les tribunaux avec l'accompagnement obligé des formalités judiciaires, nous trouverons dans les frais qui la précèdent et dans les frais qui la suivent des différences bien autrement sensibles encore. Ruinée par des formalités compliquées, superflues, ayant l'étrange prétention de la protéger, la petite propriété rurale disparaît, engloutie tout entière dans le gouffre béant du greffe judiciaire. C'est bien ici, sans équivoque et dans toute l'étendue de l'expression : « *L'héritage dévoré par le fisc et la procédure* » (1). Les comptes rendus de la justice civile signalent chaque année, sous ce rapport, les déplorables résultats d'une législation empruntée aux ordonnances du temps « où il suffisait de deux décrets (saisies) pour enrichir un procureur. » Ces résultats, une première réforme opérée en 1841 les aurait effacés sans retour si, au lieu d'être animée du souffle puissant qui inspire les réformes larges, libérales, nécessaires,

---

(1) Titre d'une brochure publiée en 1868, par M. Jules Brame, député du Nord.

elle n'eût été dominée par des intérêts que le système
électoral de l'époque, plus encore que les nécessités
de l'impôt, obligeait de ménager si ce n'est de subir. A ces intérêts étroits, parasites, en désaccord
avec l'intérêt public, furent abandonnés en holo-
causte, par une législature dont l'élection n'était pas
avec eux sans affinité, le patrimoine des mineurs,
l'actif immobilier des successions bénéficiaires, celui des faillites, le crédit des parcelles, en un mot
l'intérêt de la propriété foncière dans tous les cas
où, possédée par des incapables de contracter, il y
a lieu de s'adresser aux formes judiciaires pour sa
transmission, son partage ou son crédit. En cette
matière, la procédure n'a jamais cessé d'être ouvertement spoliatrice. Le Code de 1806 et la réforme de
1841 n'ont fait qu'atténuer les degrés où le patrimoine des familles passe de leur actif au fisc et
aux intermédiaires de la justice. Chaque jour voit
éclore ces procédures par lesquelles s'ébrèchent la
moyenne et la grande propriété, et disparaissent
pour tous, mineurs, possesseurs, créanciers dont ils
étaient la ressource ou le gage, les petits patri-
moines, fruit du travail, de l'économie et de la pri-
vation. Ces lamentables procédures, qui affaiblissent
dans la conscience des citoyens l'autorité morale de
la loi en faisant douter de son équité, et dont on a
pu dire qu'en France « les lois ne sont faites ni pour

les petites possessions ni pour les petits possesseurs »
la magistrature autant que les justiciables les ré-
prouve, les déplore et sollicite à leur égard une réforme prompte et complète (1).

Une procédure — nous allions l'oublier et ce
n'est pas la moins dispendieuse — est commune aux
différents modes de vente : c'est celle de la surenchère. — Quant aux incidents qui viennent parfois
se greffer sur toutes ces formalités et en doubler la
dépense, tels que demandes en distraction d'immeubles saisis, en conversion de saisie, en subrogation,
etc. (2) ; quant aux procès sur contestations entre
propriétaires fonciers, coûtant, par la procédure,
dix fois, cinquante fois la valeur du litige, il faut
bien les passer sous silence : ce livre n'y suffirait
pas.

<h2 style="text-align:center">V</h2>

Le sort de la propriété foncière sous les lois actuelles de la procédure serait intolérable si les prévisions de la théorie étaient toujours réalisées dans
la pratique. Mais ici l'abstention est dans la force

---

(1) Seligman, *Réformes de la procédure*, Troplong, *Comment.
de la vente*, t. 2, p. 425, etc.

(2) Les incidents survenus dans les procédures des ventes judiciaires, en 1867, sont au nombre de 5,998. Surenchères, 2,493 :

des choses ; elle s'impose d'elle-même à la petite propriété sous peine de ruine. La statistique en fait foi. Sur 1,200,000 ventes environ réalisées chaque année, 19,000 seulement sont judiciaires (1), s'appliquent pour la moitié aux licitations entre majeurs et mineurs, se totalisent par leur prix à près de 300 millions, par leurs frais de poursuites à 10 millions et donnent lieu à près de 7,000 ordres (2), parmi lesquels 2,000 à peu près sont précédés de notification aux créanciers inscrits.—Le nombre de ventes

---

— Baisses de mise à prix, 928 ; — Conversion de saisies en ventes volontaires, 938 ; — Sursis, 535 ; — Distractions d'immeubles saisis, 311 ;—Folles enchères, 241 ; — Subrogations aux poursuites, 215 ; — Modifications aux cahiers des charges, 114 ;— Expertises, 79 ; — Diverses autres mesures, 144.

(1) 19,029 en 1867, dont 5,908 sur saisie immobilière ; 341, par suite de surenchère sur aliénation volontaire ; 1561, biens de mineurs et d'interdits ; 9,247, sur licitation entre majeurs et mineurs ; 721, biens dépendant de successions bénéficiaires ; 254, biens de successions vacantes ; 148, immeubles dotaux ; 788 biens de faillis, et 61 autres. — Sur le nombre total des ventes, 10,387 ont été faites à la barre des tribunaux et 8,642 devant notaires. Leur prix total s'est élevé à 282,726,816 fr., et leurs frais taxés ont été de 10,105,777 fr. dans la proportion suivante :

1,031	ventes de 500 fr. et au-dessous :	112 51	p. 100
1,382	ventes de 501 à 1,000 fr.:	43 25	—
2,665	ventes de 1,001 à 2,000 fr.:	24 41	—
5,048	ventes de 2,001 à 5,000 fr.:	12 71	—
3,722	ventes de 5,001 à 10,000 fr.:	7 01	—
5,141	ventes au-dessus de 10,000 fr.:	1 85	—

Moyenne : 3 57

(2) 6.616 en 1867. V. *sup.*, p. 181 (note).

judiciaires serait bien autrement considérable si,
pour en épargner les frais, les ventes intéressant les
mineurs n'étaient réalisées, en majeure partie, par
des actes volontaires que les mineurs ratifient à leur
majorité. Malheureusement, ce mode appliqué aussi
aux partages dans lesquels des mineurs sont intéressés, a l'inconvénient de ne laisser aux mains des
acquéreurs ou copartageants qu'un titre imparfait,
provisoire, et cette lacune, si souvent et si justement
reprochée en France aux titres de la propriété foncière, est un grave obstacle à sa transmission et à
son crédit, un nouvel élément de dépréciation dont
la cause est dans l'effroi des formalités de justice
quand il s'agit de leur application aux petits patri-
moines ruraux, si nombreux en France et si dignes
de la sollicitude du législateur.

Ce que réclame aujourd'hui la propriété foncière,
c'est d'être soustraite pour sa transmission à des formalités qui l'étouffent. Le jour où une réforme véritable aura banni de nos codes, comme un abus dé-
testable du génie fiscal et formaliste de l'ancien
régime, ces procédures qui sous le prétexte de protéger les incapables consomment leur ruine, ce jour
ne marquera pas seulement la date d'une réduction
des charges de la grande et de la moyenne propriété,
il sera aussi celui de la délivrance pour les petites
possessions et les petits possesseurs.

CHAPITRE XV.

Le crédit agricole consiste, pour le cultivateur, dans le moyen de se procurer, par la voie de l'emprunt, le capital nécessaire à l'exploitation.

Ce capital se divise de lui-même en deux parties : l'une, engagée à échéance plus ou moins lointaine, est consacrée à l'achat du matériel : — instruments aratoires, machines, outils, chevaux, bestiaux ; — l'autre, dite de circulation, est fixée au sol sous forme d'achats de semences, d'ameublissements, d'engrais, et s'augmente des salaires, des frais imprévus, etc.

Le crédit agricole, ainsi entendu, n'a jamais été spécialement fondé en France, et n'y existe, exceptionnellement, qu'à l'état de crédit de famille. Lorsqu'un cultivateur crée une exploitation agricole ou se rend cessionnaire d'une exploitation déjà existante, ses propres ressources sont complétées par des avances de fonds, à intérêts modérés, que lui fait sa famille, ou suppléées par le cautionnement qu'elle donne à ses engagements.

Serait-il préférable, pour le cultivateur, de se

borner à une exploitation en rapport, par son importance, avec le capital dont il peut disposer, sauf à l'augmenter à mesure des bénéfices? On l'a soutenu; mais la prudence de cette opinion ne fait pas obstacle à la thèse opposée, quand elle est mise en pratique par un agriculteur habile, sachant son métier et le professant par goût. L'intelligence est aussi un capital dont l'autre n'est, à vrai dire, que l'auxiliaire. Dans le premier cas, celui d'une exploitation restreinte au niveau du capital disponible, c'est le plus souvent la routine, avec son piétinement sur place, continuée par le nouvel exploitant; dans le second, c'est ordinairement le progrès, l'esprit d'initiative excité par le désir de substituer les bénéfices à la dette existante, et tempéré par la crainte de compromettre une première et précieuse ressource.

L'idée selon laquelle l'agriculture « emprunteuse » marcherait fatalement à la ruine est une contradiction économique évidente. Tout dépend, en effet, de l'utilité de l'emploi du capital emprunté. Tel, en possession d'un capital supérieur à ses besoins, au début de sa carrière d'agriculteur, n'a trouvé au bout que la déconfiture; tel autre, avec un capital emprunté, y a trouvé, au contraire, une situation prospère. Entre ces deux agriculteurs, placés à l'arrivée comme au départ à des points si opposés, la différence est simplement affaire d'intelligence, de discernement et de mesure. C'est ici le cas de rappeler ce vieil adage, si connu et si populaire, par sa vérité, dans les campagnes rurales :

Tant vaut l'homme, tant vaut la terre.

Les conditions du crédit agricole diffèrent essentiellement de celles du crédit industriel. L'échéance extrême pour celui-ci est de quatre-vingt-dix jours, mais avec le crédit agricole, c'est par années qu'il faut compter. Cette différence provient de ce que le crédit agricole est subordonné, pour ses combinaisons d'échéance, aux résultats d'une production dont la nature seule règle la durée comme l'abondance, et à des conditions de réalisation pour lesquelles le bénéfice du temps n'est pas moins nécessaire.

Un crédit spécial tel que celui qu'on sollicite pour l'agriculture, avec ses deux conditions essentielles : — longue durée, intérêts modérés, — est-il possible ?

La réponse est simple et se déduit de la force même des choses : Les institutions de crédit ne peuvent dispenser à d'autres que le crédit qu'elles obtiennent de la confiance du public. Une institution de crédit agricole, à laquelle le public n'apporterait son épargne qu'à trois mois de délai, ne pourrait accorder un crédit plus éloigné pour ses escomptes ou ses avances, sans s'exposer aux embarras les plus graves à la moindre crise ; elle ne pourrait davantage, sans courir à une ruine certaine, abaisser l'intérêt de ses opérations au-dessous du taux servi à ses déposants, ni renoncer à la perception d'une commission suffisante pour couvrir ses frais généraux, ses pertes et ses bénéfices. C'est là un raisonnement dont le simple bon sens suffit à démontrer la logique.

Or, quand le sol, avec la garantie puissante et certaine de l'hypothèque, ne peut aujourd'hui se procurer les capitaux dont il a besoin qu'au taux d'intérêt de 5 p. 100, augmenté des frais de l'acte d'emprunt, comment l'agriculture pourrait-elle, sans recueillir les conséquences de l'illusion et de l'utopie, essayer de fonder son crédit sur la base d'un intérêt inférieur, dégagé du droit de commission qui en élève sensiblement le cours ?

L'une des conditions essentielles du crédit de l'agriculture, celle de l'intérêt réduit, s'évanouit donc avec les capitaux eux-mêmes, attirés par d'autres emplois plus rémunérateurs et plus dégagés de tout caractère précaire dans leur garantie.

Cependant, si nous ne nous trompons, le crédit de l'agriculture pourrait triompher des désavantages relatifs attachés à la double nécessité d'une longue durée et d'un intérêt restreint, mais à une seule condition : celle d'être fondé et entretenu par les agriculteurs eux-mêmes. Le moyen pratique consisterait dans l'établissement de nombreuses banques locales, exclusivement consacrées aux services agricoles, et dans lesquelles les agriculteurs verseraient, à intérêt modéré et à longue échéance, l'épargne restée libre entre leurs mains après satisfaction des besoins de leur exploitation. Le crédit y serait ouvert aux agriculteurs déposants ou non déposants, selon leurs besoins et leur solvabilité reconnue, contre des valeurs ordinaires de circulation. L'usage des banques initierait bientôt l'agriculteur français à la nécessité de la libération à échéance fixe, nécessité trop rarement satisfaite par lui, au préjudice notable du crédit particulier de l'agriculture, et même de l'emploi des capitaux en acquisition d'immeubles.

Tel est, si nous avons bien examiné, le seul moyen de crédit qui puisse être utilement proposé pour l'agriculture, en dehors du crédit hypothécaire. L'Écosse fournit, en cette matière, les meilleurs exemples. C'est en s'aidant elle-même, c'est par sa propre initiative que l'agriculture française peut l'adopter, le propager et en recueillir les bienfaisants effets. Elle n'a besoin pour cela ni d'intervention officielle, ni de législation spéciale : la législation actuelle suffit.

Le titre de ce chapitre ne nous laisserait pas oublier, quand même l'importance n'en serait pas aussi notoire, la société de *Crédit agricole*, annexe, distincte toutefois par les intérêts, de la société du Crédit foncier de France.

Autorisée par décret du 16 février 1861, la société de Crédit agricole n'a guère de véritablement agricole que le nom. C'est une grande société de crédit industriel et commercial bien réglée, honorablement conduite, comme sa sœur puînée, la société du Crédit foncier de France, mais comme elle aussi plus soucieuse de l'intérêt de ses actionnaires que du but spécial de sa fondation. Le choix de ses villes succursales en fait foi (1), après ses comptes rendus de chaque exercice.

Cependant, cette société, en possession de la confiance publique, pourrait être d'un grand secours pour la formation des banques locales agricoles, en acceptant leur papier à longue échéance, en même

---

(1) Agen, Angoulême, Avignon, Bordeaux, le Havre, le Mans, Lille, Limoges, Lorient, Marseille, Orléans, Périgueux, Poitiers, Saint-Jean-d'Angély, Strasbourg, Toulouse, Troyes. Les effets escomptés en 1868 dans ces succursales s'élevaient, en somme, à 791,443,517 fr. ; mais il est difficile de considérer comme agricoles les effets escomptés à Bordeaux pour 85 millions, Lille pour 103 millions, Marseille pour 246 millions, ni les effets escomptés à Paris, même année, pour 378,769,431 fr.

temps qu'elle en retirerait une augmentation de bénéfices ; et celles-ci, en se plaçant sous sa tutelle, offriraient au public le gage d'une confiance nécessaire à tout établissement financier.

Nous ne faisons qu'indiquer ici cette combinaison, qu'il dépendrait des banques locales de rendre féconde par la régularité et la ponctualité dans l'exécution des engagements.

Ajoutons, en passant, que les puissantes ressources de la société de Crédit agricole pourraient être utilement sollicitées pour la mise en meilleure production des marais appartenant aux communes, aux particuliers, et dont la contenance est de 180,000 hectares, et pour la mise en culture des landes et autres terrains incultes appartenant aux communes, et dont la superficie est de 2 millions 706,000 hectares (1).

On se tromperait étrangement, au reste, en supposant que l'agriculture est absolument dénuée de crédit. Elle en obtient, sur simple billet à échéance prolongée et à intérêt légal, dans la plupart des études des notaires ; elle en trouve à la caisse des usiniers auxquels sont destinés les produits industriels de l'exploitation ; elle en trouve enfin, pour

---

(1) V. tableau annexe de la loi du 28 juillet 1860.

les mêmes produits, dans les banques ordinaires. Les modifications tant sollicitées dans la législation sur le gage, et qui tendent à soustraire le privilége à l'obligation de déplacer les objets gagés, ne feraient que créer une anomalie coûteuse et dangereuse à la fois, sans élargir les différentes sources d'un crédit insuffisant, parfois onéreux, on doit le reconnaître, mais rendant néanmoins de nombreux et incontestables services.

Quoi qu'il en soit, dans un pays comme la France, où une notable partie du sol est possédée par ceux qui le cultivent, le crédit hypothécaire est et restera toujours le crédit prépondérant de l'agriculture, parce qu'il est le seul avec lequel les longues échéances soient compatibles. De là, pour elle, la nécessité de réformes énergiques, écartant de la transmission et du crédit de la propriété foncière l'excès des perceptions fiscales et le luxe des formalités.

CHAPITRE XVI.

I

On verra bientôt que la propriété foncière n'est
pas plus ménagée pour son crédit que pour sa
transmission par les lois de la procédure, et combien
l'esprit de fiscalité, les entraves et les formalités
exubérantes s'y donnent largement carrière.

Le crédit du sol a pour base l'hypothèque. Ses
agents dans la pratique sont les notaires et la société du Crédit foncier. On dira plus loin la part
respective de cette société et du notariat dans les
services que la propriété retire de son propre crédit ; mais, auparavant, il est utile de se rendre
compte de l'état actuel de la dette hypothécaire en
France.

Sans prétendre arriver à l'exacte vérité en une
matière où les chiffres ne peuvent être qu'approximatifs, il est néanmoins possible d'en approcher
suffisamment par la combinaison des documents

officiels, si imparfaits qu'ils soient, avec les délais de libération en usage ; et c'est en tenant compte de cette condition que nous avons condensé les éléments propres à mettre en relief, du même coup, le chiffre de la dette hypothécaire et la charge annuelle qu'elle impose par ses intérêts à la propriété foncière.

Des documents publiés par le ministère de la justice il résulte que les inscriptions hypothécaires, non rayées ni périmées, existant sur les registres des bureaux des hypothèques au 1er juillet 1840, au nombre de 5,334,738, s'élevaient, en somme à douze milliards et demi (1), y compris environ 1250 millions de créances éventuelles au profit du Trésor, des femmes, des mineurs et des établissements publics, réduisant les hypothèques pour créances actuelles et liquides à 11 milliards 300 millions (2).

Cette dette totale hypothécaire a pour sources différentes les prêts, les prix de ventes d'immeubles, les prix de licitations, les soultes de partages, les soultes d'échanges et les condamnations judiciaires Si, pour chaque origine, on adopte comme base la moyenne annuelle multipliée par les délais ordi-

---

(1) Exactement : 12,544,098,600 fr.

(2) *Documents officiels relatifs au régime hypothécaire*, publiés par ordre de M. le garde des sceaux (1844), t. 3, p. 512.

naires de libération, on sera bien près d'obtenir le chiffre réel de la dette ; l'excédant ne constituera plus qu'un double emploi dans les inscriptions, ou qu'une hypothèque éteinte par la libération du débiteur.

Voici cette opération :

§ 1er. *Prêts hypothécaires.* Moyenne des années 1840, 1841 et 1842 (1) ; 506,802,994 fr ; évaluée aujourd'hui à 600 millions, et multipliée par cinq années, moyenne des délais accordés aux débiteurs. 3,000,000,000

Cette récapitulation ne comprend que les prêts réalisés dans la forme de l'*obligation* ; mais d'autres prêts, en assez grand nombre, sont réalisés dans la forme du *transport,* c'est-à-dire d'une cession consentie par un vendeur ou un créancier, d'un prix de vente ou d'une créance inscrite et exigible, au profit d'un bailleur de fonds, qui proroge aussitôt en faveur du débiteur le terme de paiement. En admettant comme

A reporter, . . 3,000,000,000

(1) *Documents officiels relatifs au régime hypothécaire.*

Report. . . 3,000,000,000

moyenne annuelle 60 millions pour les prêts réalisés sous cette forme particulière, il y a lieu de porter au compte de la dette hypothécaire, pour cinq années. . , ... 300,000,000

§ 2.—*Prix de ventes*. En 1844 (1) : 1,382,418,490 fr ; en 1867, deux milliards (2) ; moitié (évaluation) payée comptant et quittancée dans les contrats ; durée moyenne des délais accordés aux acquéreurs pour l'autre moitié : 2 ans et 6 mois . . 2,500,000,000

§ 3. — *Prix de licitations et soultes de partages* autres que les soultes de partages d'ascendants : 160 millions (3). — Soultes de distributions de biens (partages d'ascendants) :

A reporter, . . 5,800,000,000

---

(1) *Documents officiels relatifs au régime hypothécaire.*

(2) Les valeurs sur lesquelles le droit de vente d'immeubles a été perçu, en 1867, s'élèvent à 1,953,141,058 fr. d'après le *Compte définitif des produits de l'enregistrement, du timbre et des domaines.*

(3) 162,739,747 fr. en 1867, d'après le *Compte définitif des produits de l'enregistrement, du timbre et des domaines.*

Report. . . 5,800,000,000

20 millions (1). Les trois quarts de ces prix et soultes sont payés comptant ou libérés par confusion ; pour l'autre quart, deux ans de délai en moyenne. 45,000,000

§ 4.—*Soultes d'échanges*. Retours ou soultes d'échanges, moyenne par année : 17 millions (2). La moitié est payée comptant ; pour l'autre moitié, terme moyen de deux ans. 17,000,000

§ 5. — *Condamnations judiciaires*. Pour l'exercice 1867, les jugements portant condamnations ou liquidations de sommes et valeurs mobilières ont eu pour objet :

Ceux des juges de paix : . . . 34,734,124 fr.

Ceux des tribunaux de 1re instance et de commerce . . . . . 273,289,734 fr.

A reporter. . 308,023,858 fr. 5,862,000,000

---

(1) 22,979,371 fr. en 1867. *Ibid.*
(2) 16,932,974 fr. en 1867. *Ibid.*

Report. . . 308,023,858 fr.   5,862,000,000

Les arrêts des cours impériales. . . . . . .   7,484,846 fr.

Outre les dommages-intérêts, les jugements de simple police, ceux des tribunaux correctionnels et les arrêts des Cours criminelles.

Total. . . . . 315,508,704 fr. (1)

Mais un grand nombre de ces décisions sont rendues contre des débiteurs ne possédant pas d'immeubles. On doit, de ce chef, réduire la somme de moitié; et en fixant à une année le délai moyen de libération pour l'autre moitié, il y a lieu de porter au compte de la dette hypothécaire.   150,000,000

Total..   6,012,000,000

(1) *Compte définitif des produits de l'enregistrement, du timbre et des domaines.*

Six milliards douze millions, telle serait, d'après ces calculs, l'importance réelle de la dette hypothécaire en France. Nous croyons ce chiffre au delà plutôt qu'en deçà de l'exacte réalité des faits, malgré son écart considérable des évaluations plus ou moins hypothétiques qui servent chaque jour de thème aux dissertations sur les charges et le crédit de la propriété foncière

Plus de la moitié des inscriptions existant sur les registres des bureaux hypothécaires restent en dehors du compte de la dette réelle. Les unes, et c'est le plus grand nombre, sont éteintes par la libération des débiteurs, et les autres prises en double emploi pour la même créance, ou inefficaces, les débiteurs ne possédant pas d'immeubles. C'est notre conviction réfléchie, fondée sur une longue expérience des affaires hypothécaires, que la dette foncière réelle est aujourd'hui inférieure à six milliards.

L'intérêt de cette dette est de 5 p. 100. De 1840 à 1848, les prêts hypothécaires les plus considérables ont été faits au taux de 4 1/2, même de 4 p. 100, et toute compensation prise en compte, la moyenne de l'intérêt hypothécaire pendant les dix-huit années du régime de 1830, n'a guère dépassé 4 3/4. De nos jours aussi, les symptômes d'une baisse de l'intérêt hypothécaire sont à l'horizon, et deviendront bientôt une réalité générale si leur développement n'est entravé par les événements politiques. L'assertion stéréotypée dans les écrits de la plupart des économistes, selon laquelle l'usure serait à l'état permanent dans les campagnes, est d'une incroyable inexactitude, que repousse le témoignage unanime du notariat. Singulière contradiction, en effet! L'usure dévore la petite propriété, et depuis trois quarts de siècle les habitants des campagnes, gens sobres, économes et laborieux, n'ont cessé de se substituer dans leurs villages aux grands propriétaires d'autrefois, d'acheter des terres et d'augmenter leur patrimoine, aux applaudissements de ceux qui considèrent la division modérée des immeubles comme une garantie de bien-être pour le plus grand nombre et d'ordre pour le pays (1). L'usure, généralement répandue, entraînerait d'ailleurs à sa suite un grand nombre d'expropriations; or, en 1841, sur une masse de prix de ventes de près de un milliard et demi et une moyenne de prêts hypothécaires de plus de 500 millions, les ventes sur expropriation forcée ne se sont élevées, en somme, qu'à 35,612,247 francs.

Ce n'est donc pas au taux de l'intérêt que peu-

---

(1) *Précis sur la réforme du régime hypothécaire,* délibéré par la chambre des notaires de Compiègne (1850), p. 22.

vent s'adresser avec fondement les doléances du crédit hypothécaire.

Ce n'est pas davantage au régime hypothécaire lui-même, tel que le Code civil l'a établi, malgré certaines défectuosités faciles à éliminer, et qui sont d'ailleurs atténuées par la pratique et la jurisprudence (1). L'opinion exprimée sur ce point, il y a près de quarante années, par un éminent jurisconsulte (2), est encore, à notre époque, d'une vérité incontestable.

« Gardons-nous de croire, disait-il, que les vices du régime hypothécaire empêchent tellement la machine de fonctionner, que le crédit en est frappé au cœur et que les capitaux fuient, épouvantés, les prêts sur immeubles. Les renseignements que j'ai pris auprès des notaires éclairés ont prouvé que les capitaux abondent dans leurs études, pour être employés en prêt sur contrat, tandis que ce sont les emprunteurs qui manquent et ne se présentent pas. Tout propriétaire qui offre un gage est sûr de ne

------

(1) Il ne s'agit ici que de la partie du Code civil relative à la constitution des droits réels et à leur publicité par l'inscription, non de la partie très-défectueuse du même Code, relative à la purge ou à la restriction des mêmes droits, et qui participe plutôt du domaine de la procédure que du droit civil.

(2) M. Troplong, *Commentaire des priviléges et hypothèques.* Préface, p. 35.

pas attendre un instant l'argent dont il a besoin; au contraire, celui qui veut placer est obligé de patienter longtemps, et souvent en vain, pour trouver quelqu'un qui veuille traiter avec lui. Qu'on ne dise donc pas que le crédit échappe tout à fait à la propriété et que les capitaux ont pour l'hypothèque une invincible répugnance. La vérité est que, malgré le contre-poids du grand-livre, le sol a encore auprès des détenteurs de fonds un large crédit ouvert, un crédit bien supérieur à ses besoins. »

Nous le répétons, il en est absolument de même aujourd'hui. Malgré d'autres contre-poids ajoutés au grand-livre par les valeurs industrielles, l'épargne nationale est si réelle, si forte, qu'elle surcharge les grands établissements financiers, et afflue dans les offices des notaires sous forme d'offres de placements hypothécaires, que les demandes des emprunteurs sont loin d'épuiser.

II

Cependant deux obstacles principaux s'opposent au développement régulier et complet du crédit hypothécaire : l'un, affectant spécialement les intérêts de l'emprunteur, a sa cause dans la fiscalité qui pèse sur les actes d'emprunt ; l'autre, se rattachant à l'efficacité de la garantie stipulée dans le contrat, et par conséquent aux intérêts du bailleur de fonds, a pour objectif la dépréciation et les frais qui accompagnent d'ordinaire l'expropriation forcée.

L'excès de fiscalité dans les actes d'emprunt, atténué par la loi de finances de 1850, a été rétabli par la loi de finances de 1855. Par leur caractère fixe, certains frais constituent dans les emprunts un impôt progressif d'autant plus injuste, qu'au rebours des impôts de cette nature, il surcharge ici la propriété en raison directe de la décroissance de sa valeur. Le relevé suivant des frais d'un emprunt à divers degrés donnera, au surplus, la mesure de leur improportionnalité relative.

	COUT D'UN EMPRUNT HYPOTHÉCAIRE			
	de 500 fr.	de 1,000 fr.	de 10,000 fr.	de 100,000 fr.
Timbre..	3 00	3 00	6 50	12 00
Enregistrement	5 50	11 00	110 00	1,100 00
Honoraires du notaire.	5 00	10 00	100 00	1,000 00
Grosse (droit de rôles).	4 00	4 00	8 00	16 00
Bordereaux (rédaction).	3 00	3 00	5 50	28 00
Inscription (1).	3 81	4 19	15 65	129 45
État négatif levé au bureau des hypothèques.	2 50	2 50	2 50	2 50
	26 81	37 69	248 15	2,287 95
S'il se trouve des bâtiments parmi les immeubles hypothéqués, il y a lieu de notifier à la Compagnie d'assurances contre l'incendie; coût.	10 10	10 10	10 10	10 10
	36 91	47 79	258 25	2,298 05
Pour 100	7 38	4 77	2 58	2 29

(1) Il est perçu un droit proportionnel de 1 fr. plus décime 1/2 par 1,000 fr. Le surplus est applicable aux droits de timbre et au salaire du conservateur.

Ces frais, abaissés ici à la dernière limite. varient comme on le voit, de 7,38 0/0 pour un emprunt de 500 fr. à 2,29 0/0 pour un emprunt de 100,000 fr. Leur improportionnalité a sa cause dans l'impôt du timbre, les droits de rôles du notaire, les salaires du conservateur et les frais de notification à la compagnie d'assurances contre l'incendie (1).

Mais, si l'exagération de ces frais, au moins dans les emprunts inférieurs à 5,000 fr., — et ceux-ci forment les neuf-dixièmes et plus du nombre total. — si leur improportionnalité, souverainement injuste et déjà reprochée aux frais relatifs à la transmission de la propriété foncière (2) sont pour l'emprunteur un obstacle au crédit, à son tour l'expropriation forcée, les formalités de justice qui l'accompagnent, la dépréciation qui en résulte dans le prix des immeubles, sont l'effroi des capitalistes et le fléau véritable du crédit de la propriété. Ce

---

(1) Les travaux des économistes et les dissertations sur le crédit hypothécaire portent, généralement, à 3 p. 100 les frais des actes d'emprunt, et, ajoutant ces frais à l'intérêt, ils relèvent au compte de la propriété foncière, sous ce double rapport, une charge annuelle de 8 p. 100. C'est là une erreur manifeste, car la somme de frais doit être répartie sur les cinq années, délai moyen de paiement. Il en résulte que l'intérêt hypothécaire, augmenté des frais de l'acte d'emprunt, ne dépasse pas 5,60, et qu'il s'abaisse encore quand sous l'abondance des capitaux l'intérêt légal est lui-même réduit.

(2) V. *sup.*, p. 179.

n'est pas à la législation hypothécaire qu'il faut en demander compte, mais aux lois de procédure dont l'objet est d'atteindre le but spécial de l'hypothèque c'est-à-dire le paiement. (1). C'est dans la partie du Code civil organisant les formalités à suivre pour la purge des priviléges et hypothèques grevant les immeubles entre les mains des tiers détenteurs, c'est dans le code de procédure qu'il faut reconnaître et détruire les inconvénients qui s'opposent au développement du crédit hypothécaire (2). Les formes compliquées, lentes et ruineuses de la procédure en matière d'expropriation forcée, de partage, de licitation, de vente sous bénéfice d'inventaire, ou après faillite, de notification aux créanciers inscrits, de délaissement, de surenchère, d'ordre judiciaire, etc., seront toujours pour le crédit comme pour la transmission des immeubles une cause de dépréciation sensible, en dépit des réformes spéciales du code hypothécaire. A cet égard la loi de procédure du 2 juin 1841, votée sous l'influence d'intérêts en opposition avec la réforme qu'elle avait pour but, est loin d'avoir suffisamment remédié

---

(1) *Documents relatifs au régime hypothécaire*, Observat. de la Cour de Toulouse, t. 1, p. 92.

(2) *Précis sur la réforme du régime hypothécaire*, cité *sup.*, p. 202 (note).

aux abus qui avaient attiré à l'ancien code de procédure une réprobation générale et méritée.

III

Quand la législation d'un pays, excessive dans ses formalités, ne peut être abordée sans danger de ruine par la majorité des justiciables, en corriger les abus par la loi particulière des contrats devient bientôt une nécessité impérieuse. C'est ce qui est arrivé à propos des ventes sur expropriation judiciaire. Une clause connue sous le nom de *voie parée*, œuvre d'un jurisconsulte estimé des Basses-Pyrénées (1) et introduite pour la première fois dans cette contrée, fit son tour de France et eut aussitôt sa place marquée dans la plupart des actes d'emprunt. Son objet était de substituer un mode conventionnel d'expropriation au mode défectueux établi par le code de 1806 ; et ce mode nouveau, écartant un formalisme aussi nuisible qu'inutile, consistait en un mandat irrévocable conféré au créancier de faire vendre, à défaut de paiement, l'immeuble hypothéqué, après commandement, après

---

(1) *Etudes sur la procédure civile*, par M. Lavielle, conseiller honoraire à la Cour de cassation, p. 388.

certains délais et à la suite d'une publicité réglée par la convention des parties. C'était une procédure simple, propre à élargir, à consolider le crédit de la petite propriété rurale. Mais, en écartant de ce crédit les dangers de l'expropriation judiciaire, elle ne pouvait manquer de rencontrer en son chemin la résistance d'intérêts alimentés par les abus qu'elle venait détruire. Manifestée d'abord sous forme de nombreux procès, entrepris au nom de débiteurs aux abois, cette résistance vint échouer définitivement contre plusieurs arrêts de la Cour de cassation, rendus le 20 mai 1840, après un lumineux réquisitoire de M. le procureur général Dupin ; mais, plus heureuse l'année suivante, elle parvint à arracher au législateur la proscription de la clause de voie parée elle-même, par l'article 742 de la loi du 2 juin 1841, relative à la procédure en matière de ventes d'immeubles sur expropriation forcée.

Les circonstances qui se rattachent à l'adoption de cet article méritent d'être connues:

Une erreur regrettable s'était glissée dans l'exposé des motifs de la loi. Il y était relevé, comme digne de remarque, que la Cour de cassation, après avoir décidé que dans le silence des Codes la clause de voie parée n'avait rien d'illicite, avait émis l'opinion qu'à l'avenir cette clause devait être prohibée par une disposition formelle. Or, jamais la Cour de cassation n'avait donné son avis sur le projet de loi de 1841, ni discuté le travail préparatoire de la commission nommée dans son sein pour l'examen de cette loi. Ce refus inaccoutumé de répondre à l'invitation du gouvernement, alors surtout qu'il s'agissait d'une de nos lois les plus importantes, prouve suffisamment que la Cour, en dissentiment avec sa commission, maintenait l'opinion exprimée par sa propre jurisprudence ; mais l'influence de l'assertion erronée du rapporteur s'était produite et avait été décisive en déplaçant la majorité : dans le vote de l'article 742, la première épreuve fut douteuse et l'article ne fut adopté qu'à une seconde épreuve (1).

Une majorité législative douteuse, circonvenue par les efforts occultes d'une coalition d'intérêts de corporation, voilà l'origine de l'article 742, de cet article qui a proscrit une clause d'intérêt général, altéré l'indépendance du droit de propriété et diminué, sinon détruit, le crédit des neuf dixièmes des cotes foncières. Près de trente années se sont écoulées depuis cette erreur législative, sans que la clause de voie parée ait été restituée à la liberté des conventions et aux nécessités du crédit, malgré

---

(1) *Etudes sur la procédure civile*, par M. Lavielle, p. 390 et 393.

d'incessantes réclamations, répercutées en dernier lieu par l'enquête agricole, et malgré cette page vigoureuse, tracée par une plume habituée à seconder merveilleusement la science du jurisconsulte :

« La clause de voie parée, écrit **M.** Troplong (1), m'a toujours semblé parfaitement licite, dégagée d'inconvénients, utile au débiteur ; et un arrêt de la Cour de cassation du 29 mai 1840, rendu sur les conclusions de **M.** Dupin, procureur général, a pleinement adopté ce sentiment. Dans l'ancien droit, tout le monde reconnaissait que le débiteur et le créancier pouvaient régler par stipulation les formes de la vente du gage.

« Cependant un aveugle préjugé s'est élevé contre cette doctrine. On a prétendu que les formalités de l'expropriation forcée sont d'ordre public, et que le débiteur ne peut être privé de leur douceur. A force de crier dans les tribunaux, dans les Chambres et ailleurs, on est parvenu à arracher au législateur une disposition qui s'est introduite dans la nouvelle loi sur les saisies, et qui figure dans le Code de procédure civile à l'art. 742, dans les termes suivants :

« Toute convention portant qu'à défaut d'exécu-

---

(1) *Comment. du nantissement, du gage et de l'antichrèse* p. 509.

« tion des engagements pris envers lui, le créancier
« aura le droit de faire vendre les immeubles de
« son débiteur sans remplir les formalités prescrites
« pour la saisie immobilière, est nulle et non
« avenue. »

« Puisque la loi existe, je la respecte dans la pratique et j'en subis docilement l'exécution. Mais au
point de vue critique, j'avoue qu'il en est peu qui
me semblent dominés par des principes plus étroits
que cet art. 472. J'ai toujours regretté qu'un nouveau président Favre ne se soit pas présenté, pour
donner un autre traité *De erroribus pragmaticorum*,
appliqué au droit moderne. Nulle question n'aurait été plus digne d'y figurer que celle-ci. Conçoit-
on une idée plus bizarre et plus ridicule que de
considérer les formalités de la saisie réelle comme
tellement d'ordre public que la volonté libre des
parties ne puisse s'en affranchir? Conçoit-on que
celui qui peut vendre son bien sans formalités ne
puisse pas stipuler qu'il sera vendu avec certaines
formalités qui lui conviennent, et qui, du reste, sont
pleinement satisfaisantes pour la raison, le crédit,
la bonne foi?

« Il ne faut pas se le dissimuler, la race des
amis du droit strict n'est pas éteinte. Il est encore
de dignes émules d'Appius Claudius, qui voient le
droit dans la forme et sacrifient le fond à la tyrannie

des solennités. De tous les exemples qu'on en pourrait citer, il n'y en a pas de plus caractéristique que
cette passion pour la saisie réelle, et cet aveugle-
ment qui empêche de voir que les ventes volontaires
avec publicité sont bien plus avantageuses que les
ventes sur expropriation, dédales de détails minu-
tieux, source de chicanes et abîmes de frais. »

En proscrivant la clause de voie parée, la loi de
1841 a creusé, entre elle-même et le crédit de la
petite propriété rurale, un abîme que peut seule
combler une réforme délivrant la propriété des liens
et des formalités qui s'imposent à elle, et la ruinent
en prétendant la protéger.

IV

Le mouvement du crédit hypothécaire est resté
par ses chiffres en arrière du mouvement des mutations foncières ; mais il est moins utile de rechercher quelle a été l'augmentation relative des prêts
hypothécaires que de connaître leur division selon
leur nombre et leur importance. Les renseignements officiels ne nous éclairent, à cet égard, que
pour les prêts hypothécaires réalisés en l'année
1841 (1). En voici les détails :

____

(1) *Documents officiels relatifs au régime hypothécaire* (1844).

	NOMBRE DES PRÊTS.	MONTANT DES PRÊTS.
Prêts hypothécaires :		
De 400 fr. et au-dessous	155.220	36.640.928
De 400 à 1,000 fr..	89.803	62.421.267
Au-dessus de 1,000 fr..	84.553	392.513.625
	329.576	494.575.820(1)

A l'aide de ce tableau, on peut apprécier la part respective des trois divisions de la propriété foncière, — grande, moyenne et petite, — au mouvement du crédit hypothécaire. La petite propriété, au compte de laquelle il faut classer au moins les prêts de 1,000 francs et au-dessous, participe pour les trois quarts au nombre des prêts sur hypothèque; l'autre quart se répartit entre la moyenne et la grande propriété, mais dans une proportion plus considé-

----

(1) Les prêts *hypothécaires* de toute importance se sont élevés :

En 1842 : à 509,555,003 fr.
En 1845 : à 584,553,500 fr.
En 1848 : à 550,053,400 fr.

Moyenne annuelle de 1840 à 1848 (neuf années) : 558,085,013 fr.

La moyenne annuelle des prêts *chirographaires* durant la même période a été de 116,164,542 fr. *Des charges de l'agriculture*, par M. Maurice Block, p. 186.

rable, quant au nombre, pour la moyenne que pour l'autre. En résumé, plus des neuf dixièmes de l'ensemble des emprunts hypothécaires sont contractés sur des immeubles pour lesquels la mise en mouvement des formalités de justice est une cause de dépréciation et de ruine.

Le nombre et l'importance des prêts hypothécaires réalisés à notre époque paraissent supérieurs encore à la moyenne de 1840-1848, si l'on en juge d'après les valeurs sur lesquelles le droit proportionnel de cession et d'obligation a été perçu en 1867.

Il résulte, en effet, des documents officiels (1), que les cessions et délégations de créances à terme, sous la forme desquelles se réalisent certain nombre d'emprunts hypothécaires, se sont élevées à 230,302,315 francs, et que les obligations de sommes, arrêtés de compte, dépôts de sommes chez des particuliers, transactions contenant obligation et billets simples, se sont élevés à 937,874,764 fr. Cette masse totale de 1,168,177,079 fr., qui a donné lieu, en 1867, à la perception de 12,850,167 fr.

---

(1) *Compte définitif des produits de l'enregistrement, du timbre et des domaines,* 1867.

en principal et décime, est commune aux obligations hypothécaires et chirographaires, mais dans
quelle proportion? C'est ce que, par une lacune
très-regrettable, les statistiques officielles ne font
pas connaître; mais un relevé de ces deux natures
d'obligations, pour la période 1840-1848 (1), constate que la moyenne des obligations sur hypothèque est à la moyenne des obligations chirographaires dans la proportion de 4.94 à 1 (2). C'est en
nous autorisant de ces chiffres dans les calculs relatifs à l'évaluation de la dette hypothécaire en
France, que nous avons porté à 660 millions, en
moyenne annuelle, les prêts hypothécaires réalisés
sous la forme de l'obligation ou du transport-ces-
sion dans les cinq dernières années (3).

---

(1) *Des charges de l'agriculture*, par M. Maurice Block, 1851, p. 71.

(2) Il s'agit ici, non pas du nombre, mais de la somme, bien entendu.

(3) En dehors des obligations hypothécaires et chirogragra-
phaires, il a été perçu pour droits d'enregistrement, en 1867 :

Sur billets à ordre, valeur : 285,142,628 fr., droit et décime : 1,568,284 fr.

Sur warrants, valeur : 659,190 fr., droit et décime : 3,625 fr.

Sur lettres de change, valeur : 80,657,492 fr., droit et décime : 221,807 fr.

Sur contrats ou polices d'assurances contre l'incendie, valeur : 9,047,716 fr. , droit et décime : 99,524 fr.

Sur obligations ou lettres de gage du Crédit foncier de France (77,434,350 fr. à 0,10 p. 100) : 85,177 fr.

V

Jusqu'à 1852, le seul intermédiaire entre emprunteurs et capitalistes était le notariat. Sous ce système, le crédit hypothécaire était de beaucoup supérieur aux besoins de la propriété, et la diminution du taux de l'intérêt dans les dernières années du régime de 1830 en est la preuve. Les difficultés momentanées du Crédit immobilier, après les événements de 1848, ne contredisent en rien cette assertion, car, en cette année même, les prêts sur hypothèque atteignirent la moyenne ordinaire (550 millions). Les obstacles à une extension immédiate du crédit à cette époque, eurent leur cause moins dans la disparition des capitaux ou leur répugnance pour les prêts sur immeubles, que dans l'exubérance considérable des besoins et de la demande. Il en sera toujours ainsi aux époques de crise, en dépit des établissements de crédit les mieux combinés et les plus sagement dirigés.

Cependant une lacune s'était depuis longtemps révélée dans le crédit hypothécaire : nous voulons parler d'une combinaison de prêt à long terme, avec amortissement libérant l'emprunteur, en capital comme en intérêts, après une période d'années déterminée. Cette lacune, le *Crédit foncier de France* est venu, nous ne dirons pas la combler—ce serait excéder notre pensée et les faits — mais l'atténuer, et voici, tracés avec impartialité par lui-même, le caractère et les avantages de ses opérations :

« Le Crédit foncier prête aux propriétaires d'immeubles, jusqu'à concurrence de la moitié de la valeur s'il s'agit de maisons ou de terres, et du tiers s'il s'agit de bois ou de vignes, des sommes remboursables à long terme par voie d'amortissement, et avec faculté pour l'emprunteur, à toute époque, de se libérer par anticipation en tout ou en partie.

« Les prêts se remboursent par un amortissement semestriel, et, tant que les annuités sont régulièrement payées, la restitution en bloc du capital emprunté ne peut être demandée au débiteur. Le long terme concédé à l'emprunteur est stipulé pour lui, non contre lui ; le capital, s'il n'est jamais exigible, est au contraire toujours remboursable, et le prêt n'a que la durée qu'il convient à l'emprunteur de lui donner.

« Ainsi, après avoir contracté un prêt à long terme, un emprunteur du Crédit foncier peut adopter l'un ou l'autre de ces deux partis : — ou bien il exécute le contrat dans son économie primitive ; il paie les annuités convenues et voit, par suite de ces paiements, le capital de sa dette diminuer dans une progression qui, faible au commencement, ne tarde pas à s'accélérer. Au bout de vingt-neuf ans, le tiers environ du capital est éteint ; après trente-sept ans, la moitié ; à la cinquantième année, la libération totale est acquise. Elle s'est en quelque sorte accomplie comme d'elle-même et sans effort extraordinaire, sans trouble apporté dans la composition du patrimoine. Tel est l'un des deux partis que peut adopter l'emprunteur ou sa famille. Mais l'emprunteur peut aussi, si des ressources nouvelles lui surviennent, si l'état de sa fortune le lui permet, si ses convenances le lui conseillent, mettre fin au prêt quand bon lui semble, rembourser à toute époque la portion de capital qu'il doit encore. Il y a plus : le Crédit foncier reçoit toujours, à toutes les périodes du prêt, des remboursements partiels, et ces remboursements déterminent une diminution correspondante dans le chiffre des annuités à servir.

« De tous les modes d'emprunt, l'emprunt à long terme du Crédit foncier est celui qui fait la plus large part à la liberté du débiteur, celui qui assure le mieux sa sécurité et qui pourvoit avec le plus de prévoyance aux intérêts des familles. Comme dans les prêts ordinaires, l'emprunteur peut se libérer au bout de trois ou de cinq ans, s'il le veut. Mais si, à cette époque, les ressources sur lesquelles il avait compté lui font défaut, il ne sera pas, comme dans un prêt à court terme contracté pour cinq années, obligé de solliciter des renouvellements, ou exposé aux chances d'une expropriation. Quand la libération ne peut s'opérer du vivant du père de famille, la dette n'est pas léguée tout entière aux héritiers ; elle ne passe sur leur tête qu'atténuée par les amortissements déjà faits, et elle ne les astreint d'ailleurs qu'aux paiements annuels qu'opérait leur auteur.

« Ainsi, capital non exigible, faculté indéfinie de remboursements anticipés et atténuation progressive de la dette, tels sont les caractères principaux des prêts hypothécaires du Crédit foncier. »

Les avantages de ce mode de prêt sont en effet considérables. Ils ne datent en France que de l'institution du Crédit foncier, et pour notre part nous applaudissons à cette institution nouvelle, successivement modifiée, améliorée, qui a rendu à la propriété urbaine et à la grande propriété territoriale d'incontestables services ; mais ce témoignage n'est pas sans réserve et s'adresse moins au passé qu'aux services que l'institution pourrait rendre à toutes les branches de la propriété foncière, sans modifier à un degré sensible les conditions économiques du système. Loin d'être en rapport avec l'importance de l'institution et avec la pensée de son fondateur, les services rendus ont été infiniment restreints, bornés aux grands domaines, exorbitants dans leur rémunération, inaccessibles à la moyenne et à la petite propriété. Jusqu'ici, l'institution du Crédit foncier n'a été ni suffisamment appréciée dans sa force par elle-même, ni développée par l'expérience sérieuse des moyens pratiques. Il lui a manqué le souffle libéral, faisant prédominer le but de l'œuvre sur la préoccupation excessive des intérêts privés ; et ces défauts, auxquels la législation sur la matière reste complétement étrangère, sont la résultante de diverses causes se résumant dans une seule : le monopole et ses abus.

A cet égard, la démonstration sera, nous le croyons, aussi claire que complète.

La société du Crédit foncier de France a son origine dans un décret-loi du 28 février 1852 (1). Dix-huit années se sont écoulées durant lesquelles cet établissement a été traité en enfant gâté par le pouvoir. Concession du monopole pour 25 années ; législation spéciale pour l'expropriation des em-

---

(1) Ce décret autorise la formation, non d'une société, mais de sociétés de crédit foncier. Bientôt, cependant, selon les agissements financiers de l'époque, les sociétés formées se fusionnèrent en une seule sous le titre de *Crédit foncier de France*.

prunteurs en retard de paiement; assimilation des obligations foncières à la rente sur l'État, pour emploi ou remploi intéressant les mineurs et autres incapables; immunités d'impôts; attribution considérable sur les biens de la famille du dernier roi; adjonction du Crédit agricole, du Crédit communal, de la Société algérienne, des prêts pour le drainage; concours des agents financiers du gouvernement moyennant une rétribution modique (1), rien n'a été omis pour faciliter ses débuts, rien n'a été refusé pour lui créer une situation florissante.

Cette situation s'est, en effet, rapidement produite; mais, prospère pour les concessionnaires du monopole (2), elle ne l'a pas été pour le public. En retour des avantages successivement accumulés par la société, aucune atténuation n'a été apportée dans les conditions onéreuses de ses prêts à la grande propriété foncière, la seule à laquelle son crédit ait été réservé. Quant à la moyenne, et surtout à la pe-

---

(1) Trésoriers payeurs généraux : 1,000 fr. par année. Receveurs particuliers des finances : 1/8 p. 100 sur la recette et la dépense.

(2) Les actions de la société du *Crédit foncier de France*, émises à 500 fr. dont 250 fr. versés, sont cotées aujourd'hui plus de 1,700 fr. La spéculation s'est emparée de cette valeur, et dans les trois dernières années, le nombre moyen des actions réellement transférées, chaque année, a dépassé le nombre total des actions émises.

lite propriété, celles rurales, leurs possesseurs ont dû se contenter de regarder de loin un crédit annoncé pour elles, mais dont les conditions exorbitantes leur rendent l'accès illusoire.

Pour justifier cette argumentation par des chiffres, il suffira d'un simple travail de comparaison entre les prêts ordinaires et ceux consentis par la société, sous le rapport du nombre, de l'importance relative, de la nature des immeubles affectés à la garantie; enfin, des intérêts, des frais et du taux des annuités.

Or, en l'année 1841, le nombre des prêts hypothécaires a été de 329,576, et leur importance de 491 millions, selon les documents officiels. Multipliés par les seize années d'existence du Crédit foncier de France (1853-1868, l'année 1852, employée à la fondation de l'institution, non comptée), on obtient 5,273,200 prêts, et en somme 7 milliards 860 millions.

Durant la même période, les prêts consentis par le Crédit foncier de France sont au nombre de 15,762, et en somme, de 936 millions, y compris les prêts exceptionnels consentis à de grandes compagnies financières, telles que la Société immobilière qui, seule, y figure pour plus de 70 millions.

La différence est plus sensible encore si l'on s'attache à la division des prêts sous le rapport de leur importance : 245,000 prêts de 1,000 francs et au-dessous pour une somme de 99 millions, et 84,500 prêts au-dessus de 1,000 francs, pour une somme de 392 millions, ont été faits à la propriété foncière en l'année 1841, tandis que durant les seize années écoulées depuis son fonctionnement, le Crédit foncier de France n'a consenti que 5,272 prêts au-dessous de 10,000 francs, pour une somme de 28 millions, et 10,490 prêts de 10,000 francs et au-dessus, pour 907 millions.

Si l'on essaye de se rendre compte du classement des prêts hypothécaires faits en 1841, il n'échappera pas que sur les 329,000 prêts réalisés, 300,000 au moins, à commencer par les 245,000 de 1,000 francs et au-dessous, se rapportent exclusivement à la petite propriété. — Quant aux opérations du Crédit foncier de France, le rédacteur du dernier compte rendu les a classées lui-même d'après leur importance, la situation et la nature des immeubles. Sur les 15,762 prêts effectués depuis la fondation de l'institution, 9,214, s'élevant en somme à 675 millions, se rapportent à des immeubles situés dans le département de la Seine, et 6,548, pour une somme de 262 millions, à des immeubles situés dans les autres départements; 11,833 prêts, d'une somme totale de 739 millions, sont assis sur des propriétés *urbaines*; 3,590 prêts, d'une somme totale de 177 millions, sur des propriétés *rurales*, et 339 prêts, ensemble de 20 millions, sur des propriétés *mixtes*. De sorte qu'en seize années, la propriété rurale n'a trouvé auprès d'une institution fondée pour elle qu'une moyenne annuelle de 200 crédits de toute importance, pour une somme de 10 millions 40,000 francs !

Objecterait-on les difficultés inséparables des premières années d'un établissement de crédit et la justice d'en tenir compte dans les moyennes tirées de ses opérations? Nous l'accordons volontiers. — Depuis 1863, le nombre des prêts et le chiffre des sommes prêtées par le Crédit foncier étant restés à peu près stationnaires (1), si l'on prend pour base moyenne l'année 1868, on trouve, chiffres ronds, nombre de prêts : 1,726 ; sommes : 90 millions. — Sur immeubles dans le département de la Seine : 854 prêts pour 65 millions ; — sur immeubles dans les autres départements : 862 prêts pour 25 millions ; — sur propriétés urbaines : 1,177 prêts pour 71 millions ; — sur propriétés rurales 537 prêts pour 17 millions ; — enfin, sur propriétés mixtes :

---

(1)

1864	Prêts :	1,624	Sommes :	75,065,500	fr.
1865	—	1,705	—	97,785,851	—
1866	—	1,733	—	113,288,100	—
1867	—	1,737	—	87,829,939	—
1868	—	1,726	—	90,850,550	—
Moyenne :	—	1,705	—	92,963,988	—

12 prêts pour 2 millions. La moyenne relative ne sera, on le voit, que faiblement changée : 1,726 prêts de toute nature et de toute importance, réalisés par le Crédit foncier de France en l'année 1868, pour une somme de 90 millions, contre 329,000 prêts, pour une somme de 491 millions, réalisés en l'année 1841, d'après les documents officiels ; 537 prêts, au total d'une somme de 17 millions, consentis par le Crédit foncier à la propriété rurale en 1868, contre, — à prendre ceux de 1,000 francs et au-dessous seulement, — 245,000 prêts, pour une somme de 100 millions, consentis en 1841 à la même propriété. — Voilà le rapprochement !

D'un côté, 5 millions de prêts pour 7 milliards 860 millions en seize années ; de l'autre, 15,700 prêts pour 936 millions durant la même période. — Dans le premier cas, le marché des capitaux hypothécaires libre, et pour tous un droit commun ; dans le second, le même marché érigé en monopole par une législation spéciale et par des concessions répétées. — Voilà la différence !

Tout commentaire serait ici superflu.

Et c'est en présence de ces comparaisons, apportant d'une façon si décisive la lumière dans le débat, que l'honorable gouverneur du Crédit foncier de France écrit cette phrase dans son compte rendu à l'assemblée générale du 29 avril 1869 : « Peut-on nier que le Crédit foncier soit la banque de la propriété rurale aussi bien que de la propriété urbaine, de la petite propriété tout autant que de la grande? » L'erreur, trop manifeste, de l'éminent fonctionnaire provient de ce qu'il confond l'importance des prêts avec leur nombre, et ne se rend pas suffisamment compte du fonctionnement du Crédit hypothécaire, lorsqu'il s'agit de la propriété rurale. Croire qu'on peut être la banque de celle-ci en lui accordant par année 537 prêts, quand ses besoins en exigent plus de 300 mille, et 10 millions quand il lui faut trente fois plus, est une illusion qu'il est, à coup sûr, impossible aux esprits pratiques de partager.

La durée des prêts consentis par le Crédit foncier de France est de 10 à 60 ans. Pour les prêts de 50 années, durée généralement adoptée par les emprunteurs, l'annuité est de 6 fr. 06 p. 100. Elle est exigible par semestre, les 31 janvier et 31 juillet, et comprend :

L'intérêt à 5 p. 100.	5	00
L'amortissement du capital . . .	0	46
Et les frais d'administration. . .	0	60
	6	06

Cependant, un décret du 7 août 1869, en concédant à la société du Crédit foncier l'autorisation d'augmenter son capital social, a réduit l'annuité, en matière de prêt sur propriétés rurales non bâties, à 6 fr. 01 c., 2,376 pour les seize premières années ; 5 fr. 96, 2,376 pour les seize années suivantes, et 5 fr. 91, 2,376 pour les dix-huit années à parfaire (1).

Antérieurement à 1869, les prêts du Crédit foncier étaient réalisés en lettres de gage de 500 fr. 5 p. 100 (2). L'administration se chargeait d'en pro-

---

(1) Indication des annuités, selon la durée du prêt et la nature des immeubles :

DURÉE DU PRÈT	SUR PROPRIÉTÉS rurales bâties et sur toutes propriétés urbaines.	SUR PROPRIÉTÉS RURALES non bâties.
10 ans..........	13.42—9426	3 annuités 13.37—9426 3 — 13.32—9426 4 — 13.27—9426
20 ans..........	8.56—7248	6 annuités 8.51—7428 6 — 8.46—7428 8 — 8.44—7428
60 ans..........	5.87—2359	20 annuités 5.82—2359 20 — 5.77—2359 20 — 5.72—2350

(2) Ces lettres de gage ou obligations foncières forment la

curer la négociation moyennant une commission de 1 p. 100 qu'elle abandonnait à ses correspondants, après l'avoir retenue de l'emprunteur. C'était pour celui-ci une aggravation sensible de frais, inconnue dans les prêts entre particuliers, si ce n'est peut-être aux époques de crise. Mais, depuis la fin de 1868, les prêts sont réalisés en numéraire et les obligations foncières négociées directement par l'administration avec prime de 2 à 4 p. 100. — Ces obligations, rapportant 5 p. 100, exemptes d'impôts, payables sans frais dans toutes les recettes particulières des finances, constituent un placement aussi avantageux que sûr; elle sont en faveur et très-recherchées du public. C'était, il y a un an déjà, l'occasion pour le Crédit foncier, négociant les obligations 5 p. 100 avec prime en voie d'accroissement, d'atténuer les conditions onéreuses de ses prêts, en tenant compte, au moins en majeure partie, de ce bénéfice à ses emprunteurs, par réduction équivalente soit de l'intérêt, soit des frais d'administration. En cela, il n'eût fait, d'ailleurs, que remplir l'engagement inscrit dans l'art. 9 (1) d'une convention homologuée par décret du 10 déc. 1852.

---

principale valeur émise par le Crédit foncier; elles ne sont pas cotées à la Bourse. Leur nombre, au 31 décembre 1868, était de 1,060,859, représentant 530,129,500 fr.

(1) Voici le texte de cet article : « Le bénéfice qui pourra être

Et ce bénéfice mérite qu'on s'y arrête. Il est de 1,800,000 fr., si l'on calcule la prime au taux minimum de 10 fr., sur 180,000 obligations représentant une moyenne de prêts de 90 millions, chiffre de 1868. C'est plus de 33 p. 100 ajoutés au bénéfice des frais d'administration.

Pourquoi, dans cette situation florissante, le Crédit foncier n'a-t-il pas encore appliqué, au moins dans la limite du décret du 10 déc. 1852, le bénéfice de cette négociation à la réduction proportionnelle de l'intérêt de ses prêts? Pourquoi le public, mis autrefois à contribution, et forcé d'accepter pour ses emprunts des obligations foncières quand la négociation en était onéreuse, se voit-il, pour ses emprunts nouveaux, refuser ces obligations aujourd'hui qu'elles se négocient avec profit?

On s'est récrié sur l'exagération des frais d'administration. L'intermédiaire est, en effet, plus exigeant ici que l'obligataire lui-même. L'écart entre l'amortissement et les frais d'administration est de plus de 30 p. 100. L'emprunteur d'une somme de

---

réalisé par la société sur la négociation des obligations, sera consacré pour moitié à la composition d'un fonds spécial de réserve, destiné à maintenir l'intérêt au taux le plus favorable aux emprunteurs. »

100,000 fr. n'est libéré qu'en déboursant, outre l'intérêt à cinq pour cent, dans le cours des cinquante années, durée du prêt :

Pour l'amortissement du capital. . 100,000 fr.
Et pour les frais d'administration. . 130,000
                            Total . . 230,000 fr.

Les frais d'administration représentent pour l'emprunteur ceux qu'entraînerait le renouvellement successif d'un emprunt entre particuliers à cinq années d'échéance. Mais les frais d'un tel emprunt n'étant que de 2,50 p. 100 pour les cinq années, tandis que ceux d'administration s'élèvent à 3 p. 100, il s'ensuit que l'emprunteur, exonéré des renouvellements inséparables de l'emprunt ordinaire, en supporte néanmoins les frais dans le cas d'un prêt du Crédit foncier, même avec augmentation, sous une forme et une dénomination différentes.

D'un autre côté, les frais de renouvellement, ainsi transformés avec usure en frais d'administration au profit du Crédit foncier, ont deux éléments distincts, d'une proportion égale : le premier se rapporte aux honoraires et droits de rôles du notaire rédacteur de l'acte de prêt, et le second aux droits fiscaux revenant au Trésor public. Le taux des frais d'administration aurait dû trouver sa limite dans l'émolument du notaire (25 c. p. 100) réparti sur la durée du prêt. En permettant de l'élever à un taux supérieur, le décret de 1852 a substitué indirectement le Crédit foncier au Trésor public pour les droits d'enregistrement, de timbre et d'hypothèques que le Trésor eût retiré des nouveaux actes d'emprunt. C'est une véritable subvention faite au Crédit foncier sur les deniers de l'État. Et si, pour rester dans la réalité des faits, on admet que la durée moyenne effective des prêts à long terme ne dépassera guère vingt années, on trouve pour le fisc, à raison des trois renouvellements qui se seraient effectués dans l'intervalle, en matière de prêts entre particuliers, sur une masse de prêts de 840 millions, une diminution de recette de 31,500,000 fr.

C'est le Trésor public qui subit cette diminution de produit d'environ 1,500,000 fr. par année, et ce n'est pas l'emprunteur qui en profite, puisque l'exonération du renouvellement des actes d'emprunt n'est, au point de vue des frais, qu'une fiction remplacée aussitôt pour lui, avec aggravation de tarif, par les frais d'administration. Le véritable bénéficiaire est ici le Crédit foncier, substitué au Trésor par une législation imprévoyante, et transformé, sinon dans les termes, du moins dans la réalité des faits, en collecteur d'impôts publics au profit de ses actionnaires.

Imprévoyante, avons-nous dit ! l'expression est juste, car il était facile d'augurer que le Crédit foncier, trouvant dans le taux exagéré des frais d'administration imposés aux emprunteurs le moyen de servir de larges dividendes à ses actionnaires (1), accueillerait de préférence les grosses opérations, celles fructueuses, et n'aurait qu'un médiocre souci des 250 mille prêts de 1000 fr. et au-dessous sollicités annuellement par la petite propriété, pour ces petits prêts ruraux dont la dépense devait à peu près compenser la rémunération.

Cette déduction s'imposait d'ailleurs, à un autre point de vue, par la force même des choses. Un établissement de crédit foncier unique, attirant dans son rayon, de tous les points de la France, la moitié seulement du crédit hypothécaire, se trouverait dans la nécessité de réaliser en moyenne plus de cinq cents prêts par jour. En centralisant le Crédit foncier, on a donc créé une impossibilité matérielle dont la moyenne et la petite propriété sont et resteront les victimes, tant que l'institution sortie du décret du 28 février 1862 n'aura pas été mise en harmonie avec la justice distributive, c'est-à-dire avec les nécessités du crédit à tous les degrés.

----

(1) Les actions du Crédit foncier sont de 500 fr., sur lesquels 250 fr. seulement ont été versés. Leur revenu pour 1868 a été de 68 fr. 50 par action.

L'utilité de consigner dans les actes intéressant une grande administration financière certains détails qui, vérifiés, peuvent être supprimés sans inconvénient dans les actes entre particuliers, a pour conséquence un écart sensible entre les frais des prêts du Crédit foncier et les frais des emprunts hypothécaires ordinaires. Il serait facile, à notre avis, d'atténuer cette différence en confondant en un seul les deux actes, l'un conditionnel, l'autre définitif, employés dans les prêts du Crédit foncier. Ce mode, d'une pratique constante dans le notariat, procurerait un avantage très-appréciable dans les prêts à la petite propriété.

D'un autre côté, il est utile d'appeler l'examen sur les frais d'expertise, que le Crédit foncier se fait rembourser d'après un tarif arrêté par lui-même, et dont le bénéfice, selon les calculs approximatifs, serait de 80 à 100,000 fr. par exercice. Ces frais d'expertise, qui sont, par leur taux et leur improportionnalité, un sérieux obstacle pour les petits emprunts, ne rentrent-ils pas dans la catégorie des frais d'administration et leur perception est-elle légalement justifiée?.....

En résumé : législation spéciale ; 10 millions de subvention sur les biens de la famille d'Orléans ; substitution au Trésor public pour le profit des droits d'enregistrement, de timbre et d'hypothèques; frais d'administration surpassant de plus de 30 p. 100 l'annuité pour l'amortissement du capital emprunté : tels sont les avantages concédés au Crédit foncier pour satisfaire 1,700 emprunteurs sur les 350 mille emprunteurs qui, chaque année, sollicitent à divers degrés le crédit hypothécaire!

1,700 sur 350 mille, à peine 5 par mille, qu'on note cette proportion !

Voilà bien le monopole et ses abus !

Et au lieu de ce système abusif, il y a, en Allemagne, des institutions libres de crédit foncier dont les avances à la petite propriété descendent jusqu'à 500 florins (275 fr.) (1); en Prusse, l'intérêt des prêts fonciers est réduit à 3 ou 3 1/2 p. 100 (2), et les lettres de gage, fractionnées en un grand nombre de coupures, peuvent descendre même à 5 florins (3).

En continuant de suivre la voie dans laquelle il est engagé, le Crédit foncier y rencontrera certaine-

---

(1) *Des institutions de crédit foncier en Allemagne et en Belgique,* par M. Royer, p. 142.

(2) *Concordance entre les lois civiles étrangères et le Code français,* par Anthoine de Saint-Joseph, *Introd.,* p. 28.

(3) *Concordance entre les lois hypothécaires étrangères et françaises,* par le même auteur, p. 57.

ment, un jour, la preuve de son impuissance à transformer la plus grande partie de la dette hypothécaire. Alors, mais trop tard, il reconnaîtra que l'institution fondée en 1852 n'avait pas seulement pour but le crédit des grands domaines, des grands établissements (1), mais aussi le crédit de la moyenne et de la petite propriété, le crédit rural. En dépit des longs délais accordés aux emprunteurs pour l'amortissement de leur dette, la durée moyenne effective des prêts du Crédit foncier ne dépassera guère jamais vingt années. Les nécessités du mouvement de la propriété foncière, les embarras financiers de bon nombre d'emprunteurs, les combinaisons et les règlements d'intérêts dans les familles sont autant d'obstacles à la prolongation d'une affectation hypothécaire au delà de ce terme. Si, comme nous le croyons avec assurance, cette opinion est exacte, les remboursements anticipés annuels atteindront, dans

---

(1) Voici le classement, par ordre d'importance, des prêts réalisés par le Crédit foncier en 1868 :

	Nombres.	Sommes.
Au-dessus d'un million. . . .	1	1,100,000 fr.
De 500,000 à 1,000,000. . .	16	10,945,000
De 100,000 à 500,000	203	42,959,000
De 50,000 à 100,000.	201	15,703,000
De 10,000 à 50,000.	632	16,746,850
Au-dessous de 10,000.	673	3,396,700
	1726	90,850,550 fr.

un temps prochain, le niveau des opérations de prêts. La marche ascendante des remboursements anticipés depuis plusieurs années est le précurseur certain de ce résultat, au sujet duquel il est à remarquer que, pour l'année 1869, les remboursements n'ont été dépassés par l'ensemble des prêts que d'environ quarante millions (1). L'augmentation sans cesse croissante de l'épargne nationale et l'abondance du numéraire, en provoquant l'abaissement de l'intérêt, précipiteront le résultat que nous prévoyons ici. Quand il se sera produit, le Crédit foncier aura vu l'apogée de sa propre fortune et de ses bilans de bénéfices. Or, on peut hardiment conclure que ceci s'accomplira avant l'expiration du privilége con-

---

(1) 42,756,478 fr. — Les prêts hypothécaires consentis par le Crédit foncier de France du 1er janvier au 31 décembre 1869 s'élèvent à 91,038,090.

A la première de ces dates, le Crédit foncier avait recouvré sur ses opérations de prêts antérieurs, par l'effet de l'amortissement semestriel, 36 millions 890 mille francs. — Quant aux remboursements anticipés, ils s'élevaient :

Au 31 décembre 1866 à   58,241,879 fr.
  —   —   1867 à   87,972,266
  —   —   1868 à 118,870,237
  —   —   1869 à 167,252,649

Du 1er janvier au 10 février 1870, les prêts ont été de 7,190,100 fr. et les remboursements anticipés de 5,786,807 fr. Différence : 1,403,293 fr.

cédé (1), si le Crédit foncier persiste dans le système de n'accueillir que les opérations et les bénéfices de première importance, et de priver de son crédit les neuf dixièmes des propriétaires.

Il lui faut répudier ce système, où l'esprit de spéculation subordonne l'intérêt général ; il lui faut, modérant les conditions financières de ses prêts, limitant les justifications relatives à la propriété des immeubles dans les prêts de peu d'importance, à la mesure adoptée de tout temps, sans danger, par le notariat, faciliter et développer le crédit dans la région de la moyenne et de la petite propriété rurale ; faire dès la première année de son évolution 17,000 prêts au lieu de 1,700 ; arriver graduellement au chiffre annuel de 60 à 80,000 prêts et à l'absorption de la moitié au moins de la dette hypothécaire. En un mot, il lui faut devenir véritablement et dans toute l'étendue de ce titre, le *Crédit foncier de France*.

Telle est l'opinion, tel est le vœu d'un des rares amis que le Crédit foncier ait conservés dans le no—

---

(1) Le privilége concédé au Crédit foncier, pour 25 années, résulte d'un décret en date du 28 mars 18 2 (art. 6).

toriat des départements, et qui ne sépare pas la vivacité de la critique du désir sincère d'être utile au Crédit foncier lui-même en servant la vérité.

Si l'institution du Crédit foncier ne compte encore que des services peu nombreux et chèrement payés par le public, elle est appelée à les multiplier en modifiant son programme, en mesurant sa puissance d'action à la confiance universelle qui lui est légiti-mement acquise. Dans ces conditions, elle est l'agent le plus puissant, le plus sûr et le plus propre à géné-raliser un crédit nécessaire à la propriété foncière, à l'agriculture et au développement de la production du sol, et ce serait réagir contre ces avantages au préjudice du crédit, que de susciter à l'institution des obstacles, au lieu de l'encourager dans la trans-formation réclamée à la fois par son intérêt propre et par l'intérêt public.

Il reste à expliquer par quels moyens le Crédit foncier peut réaliser ces améliorations.

En dehors de la modération des charges finan-cières imposées aux emprunteurs, ces moyens con-sistent :

1° A rentrer dans le droit commun, à renoncer aux rapports financiers officiels qui altèrent pour le Crédit foncier sa liberté d'action jusque dans le choix, la limite et la rémunération de son personnel ;

2° A ne se livrer à d'autres opérations que celles des prêts hypothécaires, selon la loi primitive de sa fondation (1);

3° A créer, dans chaque arrondissement, une succursale ou plutôt un comité, chargé d'autoriser provisoirement les prêts de faible importance (3,000 fr. et au-dessous par exemple), sur la demande du notaire de l'emprunteur et avec la responsabilité dérivant de la faute lourde, telle que les tribunaux l'appliquent d'ordinaire au notariat. L'établissement d'un grand nombre de comités est la condition essentielle de la transformation du régime privilégié, abordable seulement pour les gros emprunts, en régime libre profitable à tous. Tant que cette condition ne sera pas accomplie, le Crédit foncier, conservant son monopole, ne sera pour les populations rurales qu'une calamité financière, leur refusant d'un côté, sous forme d'exigences exorbitantes, le concours de son crédit, et de l'autre, attirant à lui par la diffusion des obligations foncières émises dans l'intérêt du crédit de la grande propriété, les capitaux employés autrefois au crédit ordinaire de la moyenne et de la petite propriété.

---

(1) Art. 44 du décret du 28 février 1852.

L'obligation d'établir une succursale dans chaque ressort de Cour d'appel avait été imposée au Crédit foncier par un décret du 10 déc. 1852, et devait être accomplie avant le 1er juillet 1853 ; mais ce décret, resté sans exécution, a été modifié par un autre, du 6 juillet 1854, selon lequel (art. 9) « des décrets spéciaux, rendus sur la proposition du conseil d'administration et dans la forme des règlements d'administration publique, ordonnent la création ou la suppression des succursales dont les attributions sont déterminées par les statuts . »

Cette nouvelle disposition n'a d'autre but que d'affranchir le Crédit foncier de l'obligation imposée par le précédent décret. En possession du droit d'exiger l'établissement de succursales qui, sagement administrées, auraient développé dans les départements, avec profit pour le public, les opérations du Crédit foncier, le Gouvernement s'en est désisté. Il y a plus : son initiative pour la fondation ultérieure des succursales a été subordonnée à la proposition du conseil d'administration du Crédit foncier. Nous regrettons d'avoir à le dire, c'est là une concession éminemment regrettable , qui atteste bien une société puissante par les priviléges et par les influences, mais non l'institution qui devait manifester son action et aider les intérêts du crédit jusque dans les plus humbles hameaux.

Et ce regret n'est pas seulement pour ces intérêts méconnus, pour cette moyenne et petite propriété foncière première assise de l'ordre dans notre édifice social ; il s'adresse au Crédit foncier lui-même qui, satisfait pour ses intérêts privés, cédant pour eux à la crainte de l'inconnu des succursales, a manqué l'occasion de s'affirmer avec confiance et de populariser ses prêts au même degré que ses lettres de gage.

C'est une faute, mais elle se peut réparer. Elle le sera, si le Crédit foncier se rend compte de la nécessité d'infiltrer davantage dans ses prêts l'élément rural, celui dont les revenus ne s'abaissent pas, ne disparaissent pas comme ceux de l'élément urbain dans les tourmentes politiques, et représentent, à un degré supérieur, la garantie principale de l'institution et de ses obligataires.

La première condition de cette sorte de programme est, nous le répétons, dans l'établissement des succursales ou comités.

Les comités n'auraient besoin ni de l'installation coûteuse ni du personnel nombreux des succursales d'un autre grand établissement financier privilégié. Les comptes de banque et de finance du Crédit foncier continuant de rester dans le service des trésoriers payeurs généraux et des receveurs particuliers des finances, et toutes les écritures relatives aux contrats de prêt étant comme aujourd'hui préparées par les notaires des emprunteurs, le travail des comités se trouverait singulièrement restreint. On s'en rendra compte, par comparaison, en constatant que cinq ou six clercs de notaire intelligents suffiraient, et au delà, au travail de pure surveillance et de contrôle auquel donnent lieu, au siége de l'administration, à Paris, les 1,700 prêts annuels du Crédit foncier.

Nul doute, dans notre pensée, que, sous l'influence favorable des comités, le Crédit foncier retirerait de l'accroissement de ses prêts ruraux, distraction faite de toute dépense nouvelle, un excédant sensible s'ajoutant à ses bénéfices.

Au surplus, la dépense des comités pourrait être réduite à une somme relativement insignifiante, si, pour leur composition, le Crédit foncier s'adressait, dans chaque arrondissement, à la chambre des notaires. Il trouverait, auprès des membres de ces chambres, le loyal et précieux concours d'hommes pratiques familiarisés avec le crédit sur hypothèque, possédant par eux-mêmes, et par leurs rapports avec les experts compétents, les indications les plus précises sur la valeur locale des immeubles, sur l'état civil et la solvabilité des emprunteurs, en un mot sur l'ensemble des informations qui sont de la nature du prêt hypothécaire.

Il n'est pas à prévoir, nous le croyons, qu'une telle proposition, à laquelle aucun point de la discipline notariale ne fait obstacle, soit déclinée par le notariat des départements. Le Crédit foncier y trouverait un dernier avantage : celui de rétablir avec les notaires que son indifférence et ses exigences pour les moyens et petits prêts ruraux ont rebutés, des relations fructueuses pour lui en même temps que favorables au développement du crédit.

Lorsqu'en 1852 le Gouvernement décrétait la législation spéciale sur les sociétés de crédit foncier, il en espérait pour l'agriculture et la propriété foncière une série d'avantages qu'elles attendent encore aujourd'hui. Ces espérances étaient déduites dans une note explicative et une circulaire ministérielle aux préfets, insérées l'une et l'autre au *Moniteur* (1).

La base de raisonnement et de comparaison de ces documents officiels était celle-ci : La dette hypothécaire inscrite est d'environ 8 milliards ; ses intérêts sont, en moyenne, au moins de 8 p. 100 par an, y compris les frais d'enregistrement, honoraires, expédition, inscription, etc. (2), soit pour la dette

---

(1) 1ᵉʳ mars. — 22 avril 1852.
(2) De toutes les erreurs qui, à force d'être répétées dans la

entière 640 millions ; le capital de la dette s'accroît, année moyenne, de 600 milions, c'est-à-dire d'une somme presque équivalente au montant de l'intérêt ; un pareil état de choses, menaçant pour les fortunes immobilières de la France, appelait un prompt remède ; il était permis d'espérer que les sociétés de crédit foncier trouveraient aisément des capitaux à un intérêt de 4 1/2 qui, ajouté aux frais d'administration et à l'amortissement, fixerait à 6 pour 0/0 les charges à supporter par les emprunteurs. Ce taux réduit permettrait aux institutions de crédit foncier d'éteindre la dette après quarante ans et de diminuer l'intérêt de 2 p. 100, soit de 160 millions, somme équivalente à près des trois cinquièmes de la contribution foncière.

Ainsi raisonnait le rédacteur officiel ! Mais, en

---

presse, à la tribune et ailleurs, s'accréditent et se font accepter presque sans contestation, il n'y en a pas de plus caractéristique que celle selon laquelle l'intérêt des prêts hypothécaire, *augmenté des frais de l'emprunt*, serait de 8 p. 100, et même de 9 à 10 p. 100, d'après le rapport fait à l'assemblée législative, en 1850, sur un projet de loi relatif au Crédit foncier. Cette erreur si enracinée, et en même temps si manifeste qu'il paraît à peine besoin de la relever, provient de ce que, au lieu de répartir la somme de frais sur l'ensemble des années de délai accordées à l'emprunteur, on l'ajoute tout entière à la première année, sans en décharger les années suivantes, pour lesquelles — et c'est là l'erreur — le taux de la première est admis comme invariable. V. *sup.*, p. 206 (note).

énumérant ces avantages, il oubliait d'y comprendre l'amortissement qui, si ses calculs avaient été exacts, aurait porté à 3 p. 100 la diminution de l'intérêt. Continuant ensuite ses explications, avec un lyrisme digne d'une cause moins superficiellement étudiée, il s'écriait : « Si tout à coup un décret du président de la République apprenait à la France que la contribution foncière est diminuée de plus de moitié, avec quels transports d'allégresse un pareil décret ne serait-il pas accueilli ! Le même résultat sera obtenu par les institutions de crédit foncier, dès qu'elles seront organisées dans tous les départements. »

Voilà ce que l'on se promettait au début : les intérêts de la dette hypothécaire allégés dans une proportion très-notable, et l'amortissement de la dette elle-même en quarante années !

Qu'est-il advenu de ces pompeuses illusions ? L'intérêt hypothécaire s'est-il abaissé ? La dette foncière s'est-elle transformée et repose-t-elle aujourd'hui tout entière dans le portefeuille du *Crédit foncier de France ?* Les chiffres sont là qui répondent d'eux-mêmes à ces questions : il suffit d'y renvoyer au lieu de les reproduire.

La cause des résultats imparfaits que nous voyons est dans le monopole du Crédit foncier, sa centralisation à Paris et l'absence de succursales dans les

départements. Les documents officiels avaient préjugé en ce sens ces résultats, qui s'imposaient d'ailleurs avec évidence, en face du nombre, de l'importance, de la variété et de la dissémination des
intérêts à satisfaire.

Comment a-t-on opéré?

Une première question se présentait : Devait-on
autoriser une seule association pour toute la France,
sauf à créer des succursales, ou devait-on autoriser,
au contraire, plusieurs sociétés opérant isolément
et sans liens entre elles ?

L'article 1er du décret du 28 février 1852 résout
cette question dans le sens des associations isolées (1)

____

(1) Voici comment cette solution est expliquée dans l'exposé
des motifs du projet de loi présenté à l'assemblée législative en
1850, auquel elle est empruntée :

« Réduire à un seul type des établissements destinés à fonctionner au milieu de contrées qui présentent des divergences si
marquées sous le rapport des besoins, des habitudes et de la constitution de la propriété, ce serait en compromettre l'existence.
Il faut laisser aux statuts ce qui est de leur domaine ; l'intérêt
particulier, intelligent et flexible saura bien imaginer et adapter
aux diverses localités les combinaisons variées et souvent ingé-
nieuses qui, sous le contrôle de l'État, assureront bien plus efficacement le succès des institutions nouvelles que ne pourrait le
faire un système uniforme savamment étudié. »

Une circulaire ministérielle du 22 avril 1852, s'exprime sur le
même sujet en ces termes :

« Une société dont les opérations embrasseraient la surface entière du territoire français réussirait difficilement. »

et, sans trancher la question de privilége exclusif, ou de sociétés autorisées en concurrence, le décret restreint les sociétés à des circonscriptions territoriales que le décret d'autorisation déterminera.

Tout aussitôt, une société était autorisée sous le titre de *Banque foncière de Paris*, pour les sept départements formant le ressort de la Cour d'appel de Paris, par décret du 28 mars 1852. Ce décret portait qu'aucune autre autorisation de société de crédit foncier ne serait accordée pour la même circonscription, avant l'expiration du délai de vingt-cinq années.

Puis, quelques mois plus tard, oubliant l'opinion favorable à la pluralité des sociétés, exprimée dans le rapport fait à l'Assemblée législative, et qui avait prévalu dans le décret de fondation de l'institution ; oubliant la circulaire qui avait confirmé cette opinion, le Gouvernement, par décret du 10 décembre 1852, concédait à la Banque foncière de Paris, qui prenait aussitôt le nom de *Crédit foncier de France*, l'extension de son privilége à tous les départements où il n'existait pas de société de crédit foncier, et l'autorisait à s'incorporer les sociétés de crédit foncier établies (1), incorporation déjà arrêtée en prin-

---

(1) Deux seules existaient : à Marseille, pour les départements du ressort de la Cour d'appel d'Aix ; à Nevers, pour les départements de la Nièvre, du Cher et de l'Allier. Décr., 1ᵉʳ sept. et 20 oct. 1852.

cipe, sans doute, et qui ne tarda pas à se réaliser.

Il est à remarquer que le décret du 10 décembre ne reproduit pas, pour les départements ajoutés en globe au privilége, la clause par laquelle le Gouvernement avait renoncé à établir d'autres sociétés foncières en concurrence, avant 25 années, dans le ressort de la Cour d'appel de Paris. C'est que le décret général sur les sociétés de crédit foncier est muet à cet égard, et que la prohibition de toute concurrence, même temporaire, renferme une extension des dispositions de ce décret, valable dans celui du 28 mars, rendu durant la période où les actes du président de la République avaient force de loi, mais exigeant en autre temps l'intervention législative. A ce point de vue, la constitutionnalité du décret du 10 décembre, transformant en monopole une institution que le décret-loi du 28 février avait conçue sous des principes tout opposés, pourrait assurément être mise en doute, si des actes législatifs postérieurs n'avaient couvert le vice de son origine.

Quoi qu'il en soit, le monopole consommé, il fallait le justifier devant le public, après en avoir autrefois signalé les dangers. Ce fut l'objet d'une circulaire ministérielle du 23 février 1853 :

« Le Gouvernement, porte cette pièce officielle, a voulu hâter le moment où les propriétaires du sol verraient le taux de l'intérêt auquel ils empruntent s'abaisser graduellement et se proportionner de plus en plus au revenu habituel de la terre ; le moment où ceux dont les immeubles sont grevés d'hypothèques pourraient remplacer par des engagements à long terme une dette dont l'exigibilité menaçante pèse si lourdement sur eux.... Ce but, le Gouvernement croit l'avoir atteint par le décret du 10 décembre 1852, qui étend le privilége du *Crédit foncier de France*, et qui, en retour de ce privilége, stipule des conditions plus favorables à la propriété.

« Mais il était essentiel, dans ce nouveau système, de rattacher à l'établissement central des établissements secondaires, répartis sur les principaux points du territoire, obéissant à une impulsion commune et pourvus néanmoins d'une liberté d'action suffisante, afin de garantir aux emprunteurs que leurs demandes seraient appréciées en pleine connaissance de cause et instruites avec toute la célérité désirable. En conséquence, le décret du 10 décembre dispose qu'une succursale ou direction sera établie, avant le 1er juillet 1853, dans chaque ressort de Cour impériale. La compagnie s'occupe activement des mesures à prendre pour satisfaire à cette prescription.... Les directeurs déjà désignés occuperont très-prochainement leur poste et d'autres ne tarderont pas à être institués. »

Vaines promesses ! Le Crédit foncier de France

s'occupait si activement de la fondation des succursales, qu'au 1er juillet 1853, terme de rigueur, aucune n'était encore établie. Bien plus, elles brillaient encore par leur absence lors du décret du 6 juillet 1854, qui, modifiant l'état des choses, subordonnait la création des succursales à la proposition du conseil d'administration du Crédit foncier.

Ce dernier décret rendu, les succursales se trouvaient condamnées et le monopole définitivement fondé.

Le crédit de la moyenne et de la petite propriété, compromis en 1841, auprès des capitalistes ordinaires, par la proscription de la clause de voie parée, l'était cette fois davantage encore, auprès de la société du Crédit foncier, par l'abandon du système des succursales. Sort étrange que celui de ces deux divisions de la propriété foncière! Accablées par des frais de justice exorbitants, est-il un moyen de les en affranchir? Un article de loi lui barre aussitôt le chemin, sans souci du droit naturel pour tout propriétaire d'engager son bien comme il l'entend. Une institution est-elle fondée qui peut leur venir en aide par un système de crédit reposant sur de longues annuités? L'accès leur en est fermé par une centralisation excessive, et par des exigences ayant leur véritable mobile dans l'infériorité des conditions rémunératrices !

Ah ! les résultats eussent été tout autres, si l'institution avait été maintenue dans la loi de sa fondation, qui avait prohibé toutes autres opérations que celles des prêts à la propriété foncière. Dans ce système, le Crédit foncier ne pouvant étendre ses opérations et ses bénéfices qu'en recherchant les besoins de la propriété, pour les satisfaire, sur toute la surface du pays, il eût de lui-même fondé les succursales, selon la promesse de la circulaire ministérielle, et garanti ainsi aux emprunteurs « que leurs demandes seraient appréciées en pleine connaissance de cause, et instruites avec toute la célérité désirable. » En détruisant cette barrière, le Gouvernement a permis à l'élément spéculatif de s'infiltrer dans la société du Crédit foncier, contrairement au décret de fondation qui l'en avait heureusement préservée ; et cet élément a été si abondant en bénéfices, qu'il n'a plus laissé à ceux dont les prêts fonciers sont l'origine qu'une place accessoire et négligée.

Quoi qu'il en soit, loin de nous la moindre hostilité de pensée à l'égard d'une institution qui, après avoir traversé les épreuves et les écueils difficiles, a conquis honorablement une place immense dans la confiance publique. Notre seul but, au contraire, est de contribuer, par la manifestation d'une vérité sans réticence, à l'assise d'une transformation nécessaire. Le temps n'est plus aux monopoles favorisés par des lois ou des décrets d'Etat, supprimant le fécond stimulant d'une concurrence honnête, soumise, d'ailleurs, aux règles légales. Nul doute que cette vérité et la nécessité d'un mouvement en avant ne soient entrevues par les intelligences pratiques et d'élite qui dirigent le Crédit foncier de France. La première condition de ce mouvement est dans la création des succursales. Y souscrire ou laisser à de nouvelles sociétés la liberté de pourvoir, en concurrence avec lui, au crédit hypothécaire, tel est, si nous ne nous trompons, le dilemme prochain à résoudre par le Crédit foncier de France, sous l'impulsion légitime de l'opinion publique.

Nous souhaitons à cette utile institution d'y réussir, en se pénétrant davantage de cette vérité que l'extension de ses intérêts et de sa popularité dépend de l'extension de son crédit aux deux divisions de la propriété rurale qui en ont été jusqu'ici à peu près complétement privées.

VI

Il reste, en terminant ce long chapitre, à résumer les principales modifications qui s'y trouvent préconisées en vue de favoriser le crédit de l'agriculture et de la propriété foncière. Ce sont:

Le retour à la loi de finances de 1850, qui a réduit à 1/2 pour 0/0 le droit proportionnel d'obligation;

Le retrait de l'article 742 du Code de procédure civile, relatif à la clause de voie parée, et son remplacement par une disposition conservant à la propriété et au propriétaire la plus entière liberté d'action dans leurs engagements envers le crédit ;

La réforme des lois de procédure ;

Enfin, les modifications nécessaires pour assurer le concours du *Crédit foncier de France* à toutes les divisions de la propriété foncière, sans acception de grande, moyenne ou petite, et aux conditions les plus équitables.

CHAPITRE XVII

I

Augmentations fiscales sur la propriété foncière et mou-
vement dans le prix du fermage et la valeur de la
propriété rurale, depuis quinze années.

Les précédents chapitres de ce livre ont déjà caractérisé la situation faite à l'agriculture et à la propriété foncière en matière de transmission et de crédit, par les lois fiscales, les lois de procédure et
certaines lois économiques.

Elle se résume ainsi :

Fiscalité excessive dans la transmission à titre
onéreux.

Improportionnalité dans les frais des diverses
formes de transmission et dans les frais relatifs au
crédit.

Frais de justice considérables pour la grande propriété, excessifs pour la moyenne propriété, ruineux
pour la petite propriété rurale.

Aggravation notable de l'impôt depuis 15 années,
par la loi du 27 mars 1855, rendant obligatoire, de

facultative qu'elle était auparavant, la transcription hypothécaire des actes de mutation à titre onéreux ; par la loi de finances du 5 mai 1855, ramenant à l'ancien tarif le droit proportionnel d'obligation et de libération que la loi de finances de 1850 avait réduit de moitié ; enfin, par la loi du 2 juillet 1862, augmentant l'impôt du timbre.

Ces accroissements d'impôts qui se réfèrent, les uns à la législature de 1855, les autres à la législature de 1862, s'élèvent, les produits de 1867 pris pour base, à plus de 20 millions (1), sans trouver dans la législation contemporaine la moindre compensation.

Nous ne parlons pas des décimes et demi-décimes supplémentaires, en permanence durant cette période de 15 années. Supprimés par la loi du 8 juillet 1866 sur les transmissions à titre onéreux, les obligations et les libérations hypothécaires, ils tendent à disparaître entièrement, quoique lentement et sans se presser.

---

(1) Augmentation en 1855 : droit d'obligation, 6 millions ; droit de libération, 3 millions ; frais de transcription obligatoire d'actes auparavant non transcrits, 4 millions. Augmentation du timbre de dimension, en 1862, aggravée par les décrets relatifs aux actes de procédure et aux registres des formalités hypothécaires, et par les instructions concernant les actes des greffes des justices de paix ; portion évaluée à la charge de la propriété foncière : 10 millions.

ENREGISTREMENT — DÉSIGNATION DES ACTES ET MUTATIONS SOUMIS AUX DROITS.	RECETTES EFFECTUÉES	
	en 1857.	en 1867.
DROITS PROPORTIONNELS.		
Ventes de meubles, licitations et soultes mobilières, cessions de créances, transmissions d'offices, etc.	12,112,482	12,862,466
Transmissions, abonnements, transferts, conversions de titres de sociétés françaises. . .	4,204,945	8,285,638
— étrangères	70,463	2,327,783
Ventes d'immeubles, licitations et soultes immobilières, réunions d'usufruit à la nue propriété, résolutions de contrats, échanges, etc	408,397,552	129,410,953
Donations (ligne directe, entre époux, ligne collatérale, non-parents).	13,537,959	16,695,748
Successions, *Ibid.*	61,605,042	96,964,005
Baux et antichrèses	2,203.929	2,732.470
Adjudications au rabais et marchés	4,627,708	3,278,518
Obligations.	8,100,064	12,349,017
Cautionnements	871,985	976,440
Libérations.	5,478,298	6,204,926
Condamnations, collocations et liquidations de sommes.	2,023,703	2,332,840
DROITS FIXES.		
Actes civils et administratifs (1).	7,075,306	7,543,635
— judiciaires (2).	4,749,573	5,204,804
— extra-judiciaires (3).	8,961,942	10,000,938
— de l'état civil (4)	10,396	17,403
Droits et demi-droits en sus.	2,740,471	2,978,450
Totaux, y compris un seul décime pour franc.	240,747,526	320,133,036
Droits de greffe, y compris le décime pour franc.	4,824,680	5,508,256
Droits d'hypothèques, *Ibid.*	3,253.043	3,306,602
Décimes et demi-décimes pour franc.. . . .	22,902,002	9,200,379
Permis de chasse.	3,192,360	4,763,460
Amendes, passe-ports, etc..	9,665,374	7,773,420
	284,584,982	350,685,156

(1) Nombre en 1867 : 2,702,747; (2) *Ibid.*, 1,794,262; (3) *Ibid.*, 6,139,222 ; (4) *Ibid.*, 4,845.

En vue de faciliter l'examen des différentes questions soulevées par la législation fiscale, dans ses
rapports avec l'agriculture et la propriété foncière,
nous venons de transcrire, avec ses principales divisions, le tableau des droits d'enregistrement, de
greffe et d'hypothèques perçus durant les exercices
1857 et 1867 (1).

Durant la période de 10 années qui sépare les
deux époques de ce tableau, les droits d'enregistrement se sont accrus d'une somme de 80 millions;
mais sur quelles valeurs et quels actes l'augmentation a-t-elle principalement porté?

Sous ce rapport, il faut classer à part les titres de
sociétés françaises et étrangères, l'augmentation qui
les concerne étant due à l'établissement de nouveaux impôts par la loi de finances du 23 juin 1857.
Quant aux autres suppléments de recette, ils s'appliquent, chiffres ronds, pour 21 millions (20 0/0)
aux ventes d'immeubles, licitations, échanges, etc. ;
3 millions (20 0/0) aux donations; 35 millions (57
0/0) aux successions ; un million et demi (50 0/0)

---

(1) La différence entre les *recettes* portées dans ce tableau pour
1867 et les *droits constatés* pour le même exercice est de
1,857,534 fr., mais elle porte en presque totalité sur les amendes
de toute nature et le recouvrement des frais de justice.

aux adjudications et marchés au rabais : 4 millions
(50 0/0) aux obligations, et 2 millions (10 0/0) aux
actes à droit fixe. Comparé aux produits de l'exercice 1866, l'accroissement de recette pour droits de
mutation sur les successions, en 1867, est de 7 millions, mais il s'expliquerait, d'après le document
officiel auquel nous empruntons ces chiffres, par
l'importance exceptionnelle de certaines successions
ouvertes à Paris.

Il est remarquable que l'accroissement de la recette sur les baux et antichrèses est à peine de
530,000 francs (28 0/0). Cette différence, relativement peu importante, si l'on place en regard l'énorme
augmentation des loyers de la propriété bâtie, dans
Paris et la généralité des villes, depuis 1857, et si
l'on tient compte de l'impulsion nouvelle donnée
aux agents de l'administration, pour la recherche des
baux non enregistrés, soit dans les inventaires, soit
dans d'autres actes soumis à l'enregistrement (1),
cette différence, disons-nous, qu'il est exact d'attri-
buer tout entière à ces deux causes, prouverait,
sans réplique, que le loyer de la propriété rurale,

---

(1) Les droits en sus acquittés sur les baux et antichrèses, en
1867, se sont élevés à 210,163 fr., contre 116,210 fr., en 1857.

considéré dans son taux moyen, est resté stationnaire s'il ne s'est affaibli durant cette période de dix années (1).

L'observation exacte et raisonnée des faits confirme pleinement cette opinion, que justifierait encore la diminution des recettes de l'enregistrement sur les baux et antichrèses en 1867, comparées au produit de l'exercice précédent. (2)

S'il est, en effet, incontestable que le fermage s'est élevé dans certains départements, il ne l'est pas moins qu'il s'est affaibli dans d'autres. Dans le rayon même de chaque département, les villages offrent, sous ce rapport, des différences d'autant

---

(1) Les droits perçus en 1867 sur les baux et antichrèses se subdivisent comme suit, centimes négligés, mais décime compris :

Baux de biens meubles et immeubles dont la durée est limitée (base de perception : 1,134,244,890 fr.).	2,495,347 fr.
Baux d'immeubles à vie ou dont la durée est illimitée.	169,637
Baux de pâturage et nourriture d'animaux. . . .	2,140
Baux d'industrie.	2,604
Baux à cheptel.	3,256
Baux à nourriture de personnes, durée limitée. .	10,378
Baux à nourriture de personnes, durée illimitée.	32,805
Antichrèses.	16,317
	2,732,492 fr.

(2) Cette diminution est de 107,013 fr., représentant en valeur de loyer 52,494,472 fr. — *Compte définitif des produits de l'enregistrement.*

plus sensibles, que l'augmentation dans les uns et
la diminution dans les autres concourent, à des
points opposés, à élargir le résultat. Pour les villages où l'augmentation du fermage s'est révélée, elle
est généralement attribuée aux cultures perfection-
nées, à celles industrielles surtout, et à l'établissement d'usines employant comme matières premières les produits agricoles; pour les autres, où
la diminution est venue, au contraire, remplacer un
fermage en voie d'ascension plus ou moins marquée,
on en trouve la raison soit dans l'abstention forcée
des systèmes de culture industrielle, l'usine pour en
employer les produits faisant défaut, ou sa distance éloignée faisant du transport des produits une
condition onéreuse pour le producteur; soit dans le
nombre décroissant de la population rurale ou dans
l'affaiblissement de la concurrence entre agriculteurs; soit enfin dans la tendance de l'exploitant à
préférer le revenu des valeurs mobilières de placement, dégagé de tout travail et arrivant à l'heure
marquée par l'échéance, au revenu agricole, qui,
lui, réclame toute la puissance du travail, sans être
exempt pour cela d'incertitude dans son développement et sa valeur.

Les mêmes raisons s'appliquent aux transmissions
à titre onéreux, c'est-à-dire aux ventes. La diffé-

rence de 21 millions dans les droits d'enregistrement des ventes d'immeubles, au bénéfice de 1867 sur un exercice de dix années antérieur, a sa cause dans l'augmentation très-considérable du prix vénal des immeubles urbains, notamment des maisons de Paris. La preuve en est fournie par la différence même des droits d'enregistrement de toute nature perçus dans le département de la Seine en 1857 et 1867, différence qui ne s'élève pas à moins de 35 millions (1) et compte pour sept seizièmes dans l'augmentation des droits d'enregistrement de l'un à l'autre de ces deux exercices.

En cette matière, d'ailleurs, les exemples ne font pas défaut. A côté des nombreux villages où, depuis 15 ans, le prix de la propriété rurale s'est amélioré, il serait facile d'en signaler autant d'autres où le prix a diminué dans une proportion considérable ; mais une telle démonstration n'ajouterait rien à des faits économiques aujourd'hui en pleine possession de la notoriété publique.

	1857 fr.	1867 fr.
(1) Droits d'enregistrement perçus dans le département de la Seine. . .	36,451,820	71,548,475
— de greffe.	892,200	1,274,280
— d'hypothèques	172,959	308,547
— de timbre.	17,540,025	34,626,008
	55,057,004	107,757,010

Une dernière et essentielle remarque : en matière d'impôts fiscaux et de charges de toute nature, l'agriculture et la propriété foncière ont un intérêt commun. Le propre des impôts excessifs est, en effet, de réagir à la fois sur la production et la valeur des choses imposées : sur la production, dont ils aggravent les frais généraux ; sur la valeur, qu'ils abaissent à proportion. — On ne saurait donc séparer une nouvelle charge fiscale agricole de sa réaction sur le taux du fermage, et par le fermage sur la valeur de la propriété elle-même : ni une nouvelle charge fiscale foncière, du contre-coup qu'en reçoit l'agriculture, sous la forme d'exigences, vis-à-vis de l'exploitant, pour l'élévation corrélative du fermage. C'est là un résultat que la nature et la logique des choses suffisent à expliquer.

II

Origine et caractère des lois fiscales en rigueur. — Droits fiscaux sur la rente et l'échange. — Nécessité et justice de supprimer le droit de transcription sur les mutations à titre onéreux.

Le système fiscal en vigueur aujourd'hui remonte à l'an VII de la première République. Droits d'enregistrement, droits de transcription, de timbre, de greffe et d'hypothèques datent, par leurs tarifs et leur réglementation, de cette laborieuse année, qui a marqué, dans toute la vérité de l'expression, l'ère des lois fiscales.

Œuvre de jurisconsultes et de praticiens consommés, les lois de l'an VII ont été combinées avec tant d'art, que le génie fiscal n'a guère rien inventé depuis, pour atteindre d'une façon plus sûre la matière imposable et tirer de l'impôt tout ce que la loi, dans son interprétation comme dans son texte, peut lui faire produire. Cependant, quoique rédigées au milieu d'une crise financière désastreuse et « pour améliorer les revenus publics » (1), ces lois n'offrent guère la trace d'une telle origine. Celle relative à l'enregistrement a échappé à l'abus d'une réglementation trop ombrageuse, et même, à part quelques articles, à l'excès des tarifs.

La réglementation introduite par cette loi n'a jamais été restreinte ; mais, appliquée avec discernement par une administration intelligente, elle a soulevé des observations plutôt que des plaintes.

Quant aux tarifs, quelques articles sans importance ont seuls conservé leur taux primitif. Les autres, c'est-à-dire les neuf dixièmes, parmi lesquels d'aucuns, exagérés pour leur époque, pouvaient trouver leur équilibre dans l'accroissement de la

---

(1) *Préambule de la loi sur l'Enregistrement.*

richesse générale, ont subi des augmentations successives considérables. Certains droits proportionnels
ont été quadruplés, et le droit fixe sur la plupart des
actes civils et judiciaires a été doublé. La progression
a été telle que, calculée uniquement sur les mutations
par décès et les transmissions entre-vifs à titre gratuit, la différence, à la charge des contribuables.
entre le produit des tarifs de l'an vii et le produit des
tarifs appliqués aujourd'hui, est d'environ 50 millions par année.

Quoi qu'il en soit, la loi sur l'enregistrement.
dont la date est du **22** frimaire an **7**, est un chef-
d'œuvre de précision et de clarté, signe distinctif
des lois de l'époque. Cet avantage n'a préservé,
toutefois, ni les contribuables ni l'administration,
d'innombrables procès suscités, d'un côté par esprit fiscal, pour augmenter l'impôt, de l'autre par
esprit de chicane, pour y échapper ; mais c'est là
un inconvénient inhérent aux lois de cette nature
et que celle-ci devait rencontrer comme les autres,
malgré la netteté de son texte, la division métho-
dique de ses principes, et l'honnèteté de ses dispositions ; c'est là un résultat qui dépend, non de la loi
même, mais de ceux qui en dirigent ou en subissent
l'action. « La loi est simple, ont écrit les savants

auteurs du *Nouveau Dictionnaire des droits d'enregistrement* (1); habile résumé d'une jurisprudence de
plusieurs siècles, peu de modifications suffiraient
pour la mettre en pleine harmonie avec les principes
du droit nouveau; elle peut se placer sans désavantage auprès de nos règlements les plus complets; on
y trouve moins d'anomalies, moins de lacunes que
dans aucun chapitre du Code civil; issue comme lui
du régime coutumier, elle contient moins que lui de
ces dispositions incohérentes ou incompatibles avec
l'esprit ou les bases de nos institutions nouvelles,
que trahissent une origine vainement désavouée et
l'inévitable influence du passé. »

La loi de l'an vii avait tarifé à 4 p. 100 du prix
exprimé dans le contrat le droit d'enregistrement
de la vente d'immeubles, et à 2 p. 100 de la valeur
formée par vingt fois le revenu de l'une des parts,
le droit d'enregistrement de l'échange; mais ce dernier droit, l'un des rares articles exagérés du tarif,
a été réduit de moitié par la loi du 16 juin 1824.

Le droit de 4 p. 100 sur la vente était, au début,
en rapport avec le revenu territorial, que la rareté
du numéraire, le haut prix de l'intérêt et la crise

---

(1) **MM.** Championnière et Rigaud, introd. p. 9.

financière de l'époque avaient élevé par contre-
coup. C'était une année de fermage transportée du
nouveau possesseur au fisc, et ce taux n'avait alors
rien d'excessif; mais la loi du 21 ventôse an VII.
sur l'organisation de la conservation des hypothèques.
est venue y ajouter un droit proportionnel de transcription fixé à 1 1/2 p. 100; de plus, à ces deux
droits s'est ajouté à son tour, en vertu de la loi du
6 prairial an VII, un décime par franc, à titre de
« *subvention extraordinaire de guerre pour l'an VII* ».
décime dont la perception, stéréotypée dans les lois
de budget depuis cette époque. existe encore aujour-
d'hui.

Cependant, à son origine. le droit de transcription
n'était perçu que sur la formalité elle-même. Son
taux excessif en avait éloigné les nouveaux propriétaires, et, malgré les dispositions de la loi hypothécaire du 11 brumaire an VII, selon lesquelles
ceux-ci n'étaient investis, vis-à-vis des tiers. que
par la transcription, le sixième à peine des actes portant transmission de propriété étaient transcrits (1).
Cette abstention s'était encore développée sous le
régime du Code civil, faisant résulter la mutation à

______

(1) Les relevés faits pour un arrondissement ont constaté qu'en
l'an x, sur 3,400 actes assujettis à la formalité de la transcription,
542 actes seulement avaient été transcrits. — *Précis sur la réforme du régime hypoth.*, loc. cit.

titre onéreux de la propriété foncière, à l'égard des tiers comme des contractants, non plus de la transcription sur les registres hypothécaires, mais simplement de l'acte de mutation ayant date certaine. Mais, en cet état des choses, la loi du 28 avril 1816 est venue introduire dans le régime fiscal. *« jusqu'à ce que l'acquittement des charges extraordinaires soit terminé (art. 37) »*, des modifications d'après lesquelles : 1° le droit d'enregistrement des ventes d'immeubles est fixé à 5 1/2 p. 100, mais la formalité de la transcription au bureau des hypothèques ne donne plus lieu à aucun droit proportionnel (art. 52) ; 2° dans tous les cas où les actes sont de nature à être transcrits, le droit est augmenté de 1 1/2 p. 100, contre l'exemption du droit proportionnel de transcription (art. 54), réduit désormais au droit fixe d'un franc (art. 61).

En résumé, le droit d'enregistrement sur les ventes d'immeubles est de 6 fr. 05 p. 100 du prix, dont 5 1/2 en principal et 55 c. pour le décime extraordinaire ; et le droit sur l'échange est de 2 fr. 75 p. 100, y compris 25 c. pour décime, sur la valeur de l'une des parts, fixée par vingt fois son revenu.

L'exorbitance de cet impôt n'a pas besoin d'être démontrée. En matière de vente d'une propriété rurale, le seul droit d'enregistrement prive le nou-

veau possesseur de deux années de revenu, sans
compter que le revenu de la troisième année de-
meure en partie affecté aux droits de timbre et
d'hypothèques. En matière d'échange, si le fardeau
est allégé par son partage entre les deux échangistes,
il n'en est pas moins un obstacle souvent décisif
dans ce contrat, entre petits possesseurs, et c'est à
lui, après les frais improportionnels, que des millions de petites parcelles doivent de ne pouvoir être
réunies par la voie naturelle de l'échange, et de
rester à l'état de morcellement abusif, préjudiciable
à leur produit et à leur propre valeur.

La nécessité et la justice exigent que la promesse
consignée dans la loi de 1816 soit enfin remplie.
L'acquittement des charges extraordinaires pour
lesquelles le droit de transcription a été ajouté par
cette loi au droit d'enregistrement, étant depuis
longtemps un fait accompli, ce droit fiscal doit disparaître de la perception, au moins dans les mutations à titre onéreux. Ce dégrèvement équitable,
accomplissement tardif d'une promesse écrite depuis
un demi-siècle, serait pour la propriété un soulagement sensible, et imprimerait dans les transactions
un essor dont le Trésor public, pour sa part, recueil-
lerait bientôt le prix.

On dira plus loin le chiffre de la diminution impoitante. mais provisoire, que la suppression du droit de transcription sur les mutations à titre onéreux amènerait dans les recettes de l'enregistrement, en examinant en même temps l'opportunité d'application, au point de vue des besoins financiers de l'État.

III

De la réduction du droit de transcription sur les actes portant distribution de biens immeubles (partages d'ascendants).

Dans le système du paragraphe précédent, les transmissions entre-vifs d'immeubles à titre gratuit restent soumises au droit de transcription hypothécaire. Il en est de même des dispositions testamentaires avec charge de restitution, ayant des immeubles pour objet (1).

Cette distinction est motivée sur ce que, dans les dispositions de cette nature, la base de perception du droit principal de mutation, comme du droit

----

(1) La valeur, formée par 20 fois le revenu déclaré, des immeubles transmis à titre gratuit, par actes entre-vifs ou testamentaires assujettis à la formalité de la transcription, — les distributions de biens ou partages d'ascendants exceptés — a été, en 1867, de 127 millions 781 mille francs, et a donné lieu à la perception de 1.913,000 fr., décime compris, pour droit de transcription.

de transcription lui-même, diffère essentiellement de celle de la vente et de la soulte d'échange. Dans ces deux modes de transmission à titre onéreux, c'est en effet sur le prix réel, sur la valeur vénale que le droit est assis, tandis que dans la mutation entre-vifs à titre gratuit, l'assiette du droit est la valeur formée par vingt fois le revenu des immeubles transmis. Or, le revenu ordinaire des immeubles ruraux étant de 3 p. 100, et la déclaration en étant encore atténuée dans les actes de mutation, il s'ensuit, qu'en cette matière, les droits fiscaux n'atteignent guère, y compris l'impôt, que les trois cinquièmes de la valeur réelle des immeubles objet des libéralités, et se réduisent par conséquent à la même proportion.

Une autre raison pourrait être invoquée : c'est que les droits fiscaux sont moins contestables, en principe, dans les contrats gratuits que dans ceux à titre onéreux. Cette distinction, d'ailleurs surabondante, est suffisamment justifiée par la nature même du contrat.

A la vérité, les propriétés bâties, dans les villes, restent généralement en dehors de ce résultat favorable aux contribuables, à cause du taux plus élevé de leur revenu; mais, d'un autre côté, elles en trouvent la compensation dans l'élévation même de loyer qui produit cette exception.

On verra plus loin combien cette atténuation du droit fiscal, en ce qui touche la propriété territoriale, a été négligée dans les plaintes relatives aux droits de transmission entre-vifs à titre gratuit et de mutation par décès.

Cependant, il est un acte placé en dehors de ce cadre et pour lequel les contribuables n'ont cessé de demander grâce d'une forte quotité du droit de transcription : c'est l'acte de distribution de biens immeubles, ou autrement le partage anticipé par les ascendants entre leurs enfants.

Ce mode de partage, autorisé par l'article 1075 du Code, est le plus fréquemment employé dans les campagnes pour régler, à l'avance, la plupart des successions que nous nommerons rurales.

Quand, par une journée d'hiver, le notaire d'une famille agricole est appelé au milieu d'elle, au village, dans la modeste maison qui abrite le père et la mère surchargés d'ans et d'infirmités, on peut augurer qu'il se prépare là un pacte dont la conclusion définitive est remise à la direction impartiale de cet officier public. Bientôt, en effet, on est à l'œuvre. Le père de famille dépose l'un après l'autre ses titres de propriété. Ce sont, d'abord, les titres du patrimoine préféré, c'est-à-dire des parcelles reçues de la génération précédente et religieusement conservées ; ce sont, ensuite, ceux des parcelles acquises à l'aide du travail, de l'ordre, de l'épargne : c'est parfois aussi, mais rarement, une petite inscription de rente sur l'État. Chaque document est un souvenir pour tous, car les enfants ont vu leurs aïeux faire la même opération qui va s'accomplir, et dans ces acquisitions qui ont plus ou moins augmenté le patrimoine qu'il s'agit de distribuer, leur travail a aussi sa représentation. Chaque parcelle a sa légende, et il en est parfois de touchantes par le récit des efforts et des privations que la libération a imposés à la famille.

L'œuvre de démission (c'est ainsi qu'on la nomme au village) s'achève enfin, non toujours sans observations, tempérées, aplanies par les conseils du notaire, écoutés avec déférence. Les enfants deviennent propriétaires à leur tour. Le père et la mère, s'il leur reste quelques forces, travailleront encore, et pour cela, ils conserveront l'usufruit de quelques parcelles ; s'il en est autrement, ils recevront une pension viagère, ou, si l'aisance des enfants ne permet pas ce mode, ils iront vivre alternativement chez chacun de ceux-ci, heureux de se soustraire à l'hospice, qu'un sentiment, dirons-nous un préjugé ? assurément très-respectable, met en grande répugnance dans l'esprit de l'habitant des campagnes.

Voilà le partage d'ascendant, ordinairement le

dernier acte de propriété d'une vie honnête et laborieuse. Les lois fiscales de la Restauration, empreintes généralement d'une pensée libérale envers la propriété foncière, ne devaient pas l'oublier. Une loi du 16 juin 1824, en abaissant de 4 à 1 p. 100 le droit de mutation sur cet acte, a placé au même niveau, dans la loi fiscale, la mutation par partage anticipé et la mutation par décès. Malheureusement, en ne supprimant pas du même coup, ou du moins en n'abaissant pas le droit de transcription, le législateur a fait une œuvre incomplète. Par une anomalie étrange, le droit de transcription, basé sur une simple formalité extrinsèque, est resté supérieur au droit principal de mutation lui-même ; d'où, pour le partage d'ascendant, l'alternative d'être écrasé si l'on transcrit, ou compromis si l'on ne transcrit pas.

Or, on ne transcrit pas (1). Rebuté par l'exagération du droit de transcription, on préfère un titre précaire, un péril réel, un obstacle à la transmission ou au crédit ultérieur, résultat regrettable de l'exagération de l'impôt, souvent exposé dans des pétitions pleines de logique, mais restées sans effet auprès de l'administration et du Sénat.

______

(1) Sur le nombre de partages d'ascendants, un quinzième environ sont transcrits. Proportion : 73 sur 1274 dans un arrondissement, pour une période de trois ans (*Précis sur la réforme du régime hypothécaire*, loc. cit.).

Nous appelons la sollicitude des pouvoirs publics sur le partage d'ascendant, sur cet acte des campagnes agricoles, des petites parcelles et des petits propriétaires. Qu'à son égard le droit de transcription soit réduit à 50 centimes par 100 fr., perçus lors de l'enregistrement de l'acte, et par cette conciliation équitable, l'intérêt du fisc et l'intérêt du contribuable seront à la fois satisfaits. Le fisc y trouvera une augmentation de recette, et le contribuable une sécurité, dont ils sont aujourd'hui privés l'un et l'autre par l'abstention de transcrire (1).

IV.

Droits sur les transmissions entre-vifs à titre gratuit. — Droits de mutation par décès. — Retranchement du passif sur l'actif. — Dissentiment à leur sujet.

De toutes les plaintes qui ont retenti dans l'enquête agricole, aucune peut-être n'est restée aussi

---

(1) Les transmissions entre-vifs d'immeubles avec partage d'ascendants, en 1867, ont été, en somme, de 283,0:0,616 fr. (20 fois le revenu déclaré des immeubles transmis), et en droits perçus, de 3,113,336 fr. compris le décime pour franc. Le droit proportionnel de transcription, réduit à 50 cent. par franc et perçu lors de l'enregistrement, eût été de 1,556,668 fr. Sa recette sous l'empire du tarif actuel est insignifiante, parce qu'en vue d'éviter le droit, on s'abstient de remplir la formalité.

persistante que celle relative aux droits de mutation par décès : elle vient d'obtenir une première satisfaction, dans la promesse que le demi-décime perçu sur les transmissions et mutations à titre gratuit, en sus du décime extraordinaire de l'an VII, ne sera pas conservé dans la prochaine loi de finances.

Tout en respectant une opinion qui compte de nombreux partisans, nous dirons la nôtre, avec l'indépendance d'une conviction sincère et réfléchie :

L'abandon du demi-décime sur les transmissions et les mutations gratuites n'était pas le côté par lequel le dégrèvement fiscal devait commencer, mais plutôt celui par lequel il devait finir.

L'abaissement du droit sur les libéralités entre-vifs et sur les mutations par décès serait en désaccord avec la justice distributive, relativement aux mutations à titre onéreux, même dégagées du droit de transcription. D'un autre côté, il n'est ni politique, ni opportun pour l'agriculture et la propriété foncière, de réclamer, à propos des mutations par décès, la distraction du passif afin de restreindre la perception du droit à l'actif net.

Tel est notre sentiment, auquel on ne pourra reprocher de manquer ni de netteté, ni de décision. Quelques lignes suffiront à démontrer la légitimité des bases sur lesquelles il repose, et à justifier du même coup la législation fiscale au point de vue traité ici.

On se rappelle le taux du droit dont sont frappées les transmissions entre-vifs et les mutations par décès : 1 p. 100 en ligne directe ; 3 p. 100 entre époux ; 6 50, 7 et 8 p. 100 en ligne collatérale. selon le dégré de parenté ; enfin 9 p. 100 entre personnes non parentes ; plus le décime (1). Mais, par suite de la différence introduite dans l'assiette de l'impôt de mutation à titre gratuit, selon qu'il s'agit de meubles ou d'immeubles, les valeurs mobilières. seules, supportent le droit fiscal sur leur capital réel. Quant aux immeubles, le droit fiscal, comparé à leur valeur vénale, se réduit au moins de deux cinquièmes, n'étant perçu que sur la valeur formée par 20 fois le revenu des biens transmis, augmenté de l'impôt foncier. Il résulte de cette différence, expliquée déjà dans le paragraphe précédent, une atténuation considérable, qui, faute d'être bien comprise, n'a pu conjurer l'erreur d'où sont sorties contre le tarif fiscal, sur le point spécial qui nous occupe, les accusations les moins méritées.

---

(1) En ligne directe, le droit est de 4 p. 100, lorsque la transmission entre-vifs s'opère autrement que sous la forme du partage anticipé. — D'un autre côté, le droit est réduit d'une quotité sensible sur tous les degrès du tarif, lorsqu'il s'agit d'une donation en faveur de mariage. — V. sup., p. 170 et 171.

Est-il donc si exorbitant, en effet, qu'une donation entre-vifs ou une succession, d'une valeur réelle de 100,000 fr. en propriétés territoriales, doive acquitter au fisc, décime compris, 660 fr. en ligne directe, 1,980 fr. entre époux, 4,290 fr., 4,620 fr. ou 4,880 fr. en ligne collatérale, selon le degré de parenté, et 5,940 fr. entre non-parents? Au milieu de ces reproches d'exagération adressés au hasard à la loi fiscale, on n'a pas songé, qu'en résultat, entre la transmission ou la mutation gratuite et la transmission par vente d'un immeuble, celle-ci, accompagnée de l'obligation d'en payer le prix, était néanmoins plus imposée par la loi fiscale que l'autre, dégagée de prix et de charges. La vente d'un immeuble au prix de 100,000 fr. acquitte 6,050 fr. au fisc, et la mutation gratuite du même immeuble entre personnes non parentes, c'est-à-dire dans le cas le plus élevé du tarif, n'acquitte que 5,940 fr.

Cette simple comparaison démontre, avec évidence, l'erreur de ceux qui s'attaquent au tarif fiscal des transmissions gratuites entre-vifs et des mutations par décès. A cette occasion, on chercherait vainement le motif de la différence introduite dans la base de perception entre la transmission à titre gratuit et celle à titre onéreux. Conséquente à sa nature dans la législation féodale, elle a été adoptée par la loi du 22 frimaire an VII sans qu'aucune raison la justifie dans le système de l'impôt (1).

Mais, bien plus que le droit d'enregistrement établi sur les transmissions entre-vifs à titre gratuit, la question dont la solution consisterait à limiter sur l'actif net le droit de mutation par décès, préoccupe les contribuables. Elle doit cette préférence à l'avantage de s'offrir au public sous une forme plus saisissante. « Une succession s'ouvre, dont l'actif de 100,000 fr. est à diminuer d'un passif de 50,000 fr. ; mais la régie, sans tenir compte du passif, perçoit le droit de mutation sur l'actif total. » Voilà l'argument ! Présenté sous un rapprochement mettant à nu, dans le procédé fiscal, une flagrante injustice, il aurait beau jeu pour soulever des réclamations dont le but serait de mettre sur ce point la loi en harmonie avec l'équité, s'il ne perdait sa valeur par la façon artificielle et trop sommaire avec laquelle la question est placée sous les yeux du public.

En effet, ce qu'on doit dans l'espèce rappeler au public, peu familiarisé avec les lois d'impôt, c'est que le droit de mutation sur les immeubles a pour base, non leur estimation réelle, non leur valeur vénale, mais la valeur formée par un multiple de 20 fois le revenu, additionné de l'impôt foncier.

---

(1) *Dictionnaire des droits d'enregistrement*, par MM. Championnière et Rigaud, introd. p. 15.

Le résultat qui en découle pour les immeubles ruraux a été démontré plus haut : c'est de diminuer de deux cinquièmes environ la base de perception ; de telle sorte, — pour expliquer ce calcul par un exemple, — que le droit proportionnel de mutation sur un immeuble rural d'une valeur vénale de 100,000 fr. n'est calculé et acquitté que sur une valeur conventionnelle d'environ 60,000 fr.

On a déjà pressenti les conséquences de ces dispositions de la loi fiscale. Si, pour le calcul des droit de mutation par décès, il n'est fait sur l'actif de l'hérédité aucune distraction du passif, cette distraction s'opère en quelque sorte d'elle-même sur les immeubles ruraux, par l'abaissement de la base de perception, par une compensation largement profitable à la propriété rurale, et devant laquelle s'évanouit toute accusation d'injustice.

Si le Gouvernement est de nouveau sollicité de consacrer le principe de la distraction des dettes et charges, reprenant pour le compte du Trésor l'argument invoqué contre lui, il l'invoquera, à son tour, contre le système selon lequel les immeubles ruraux ne supportent les droits qu'à proportion d'une valeur inférieure à celle vénale. Il ne lui restera plus qu'à exhumer des cartons, et à soumettre à l'adoption du Corps législatif, certain projet de loi distribué au

Conseil d'État le 7 mars 1864, et dans lequel se trouve un article ainsi conçu :

Art. 6 « Dans tous les cas où le revenu capitalisé sert de base à la liquidation et au paiement des droits d'enregistrement, ces droits seront perçus sur la *valeur vénale*.

« Cette disposition est également applicable à la liquidation et à la perception des droits de mutation par décès. Mais sur la déclaration des héritiers ou légataires, *seront déduites* de la valeur vénale des immeubles grevés d'hypothèques et seulement jusqu'à concurrence de cette valeur, *les dettes hypothécaires* inscrites et ayant pour objet une créance certaine et déterminée au jour de l'ouverture de la succession. »

Lorsque la loi aura été ainsi modifiée, les maisons et les terrains dans les villes seront notablement dégrevés, mais les maisons des villages et la propriété rurale seront frappées. C'est sur elles que retomberont encore les éclats de la lutte, et dix millions par année portés à leur compte, toute compensation faite, n'y suffiront pas.

Avions-nous tort, en commençant, de considérer comme impolitique le rôle de l'agriculture dans cette question? Était-ce bien dans la vue de dégrever les valeurs mobilières et les propriétés bâties dans les villes, qu'elle a été soulevée dans l'enquête agricole, au risque d'une aggravation de droits sur la propriété rurale ?.....

V

Échanges de parcelles contiguës. — Baux. — Modération des droits.

Le rôle de l'échange dans la reconstitution du sol morcelé a été expliqué sous le chapitre XIII. Ce rôle est insuffisant, et c'est à des moyens plus développés, plus énergiques, qu'il y a lieu de recourir pour arriver, par une large voie, au but proposé.

L'échange n'est guère entravé par le droit d'enregistrement. Dans les villages, une parcelle de 4 à 500 fr. n'est déjà plus à échanger. Le droit fiscal sur le contrat permutatif de deux parcelles de cette valeur n'est guère que de 7 fr. 15 c., et se réduirait à 2 fr. 86 c., si le droit de transcription était supprimé. Une perception aussi modique, dont la charge se partage entre les contractants, ne peut constituer un obstacle sérieux dans les transactions de cette nature. L'exagération des frais, reprochée à l'échange des petites parcelles, a sa source, non dans le droit d'enregistrement, mais dans le timbre, les expéditions et les formalités extrinsèques du contrat : c'est là que l'attaque doit être dirigée pour être efficace.

La question de la modération du droit, à 1 fr. fixe, dans les échanges de parcelles contiguës à d'autres parcelles possédées par les échangistes, est donc à peu près indifférente. On doit lui préférer de beaucoup la suppression du droit de transcription, tant sur l'échange même que sur l'acte par lequel. pour corriger un morcellement abusif, des propriétaires fusionnent leurs parcelles respectives, pour en opérer la vente en syndicat, après une division appropriée aux besoins de l'agriculture locale (1).

Il est à croire, au surplus, que le simple droit fixe ne serait applicable qu'à l'échange de peu d'importance (2), à celui dont le démorcellement serait véritablement le but; car le retour aux dispositions générales de la loi du 16 juin 1824 à cet égard ramènerait inévitablement, dans les échanges de domaines, l'exemple de combinaisons extra-fiscales que cette loi n'avait certainement pas prévues.

La réduction du droit proportionnel d'enregistrement des baux nous tient plus à cœur. Ce droit est aujourd'hui de 20 c. par franc du fermage cumulé

---

(1) V. sur ce sujet le chap. XIII.
(2) Par exemple, à l'échange de parcelles d'un revenu de 30 fr. et au-dessous pour chaque part.

sur toutes les années du bail, et s'augmente du quart quand l'impôt est à la charge du fermier. Sa réduction de moitié serait pour le Gouvernement et la législature l'occasion de manifester leur sollicitude pour l'agriculture. La brèche de 1,200,000 fr. qui en résulterait pour le budget ne serait que transitoire. Nul doute, en effet, que, sollicités par la modération du droit, un grand nombre de baux seraient présentés à l'enregistrement qui évitent cette formalité onéreuse sous le tarif actuel.

Quant à la proposition de faciliter le paiement du droit d'enregistrement en le divisant par annuités, on la trouvera puérile par cet exemple que, sur un bail de 18 années, au fermage de 5,000 fr. et avec charge d'impôt, le droit d'enregistrement n'est que de 247 fr. 50 c., y compris le décime, et se réduirait à 123 fr. 75 c., si le tarif actuel était abaissé de moitié. Une telle proposition est d'ailleurs repoussée par les règles et les exigences d'une comptabilité fiscale régulière.

VI

Improportionnalité générale des frais d'actes. — Ses causes. — Moyens d'en atténuer l'injustice.

L'enquête agricole a relevé, avec une vivacité dont on ne saurait lui faire reproche, l'exagération de certains droits de mutation assis sur la propriété foncière, mais elle n'a pas, que nous sachions, abordé le débat sous un autre aspect, celui de l'improportionnalité d'impôts fiscaux et de frais surchargeant de son injustice flagrante la moyenne et la petite propriété.

Le caractère de l'improportionnalité, dans l'espèce, est de constituer l'impôt progressif, — avec cette aggravation qu'ici la progression est en sens inverse de la richesse,—appliqué aux neuf dixièmes des 3 millions 400 mille actes reçus chaque année par les notaires (1), outre un nombre considérable d'écrits sous seings privés. Quelques exemples, pris au hasard, justifieront cette opinion.

Quand, à la fin d'une année de dur labeur, le travailleur agricole a réalisé sur son salaire une modeste économie, — 100 fr. par exemple, — s'il en fait emploi à l'achat d'un lopin de terre, que sa pensée agrandit d'avance par l'espérance d'économies nouvelles, c'est 17 50 pour 100, au minimum, qu'il en doit distraire pour le fisc et l'officier public:

---

(1) Le nombre moyen des actes reçus par les notaires a été, de 1841 à 1845, de 3,464,907, et de 1858 à 1867, de 3,432,592. Il est donc resté à peu près stationnaire depuis 30 ans. La deuxième période accuse même une diminution moyenne de 32,000 actes, à laquelle il faut ajouter la moyenne (54,243 en 1867) de ceux reçus dans la Savoie et le comté de Nice, depuis leur réunion à la France jusqu'en 1867.

après quoi il est propriétaire d'une parcelle de terre soumise à l'impôt foncier, aux centimes additionnels, et dont la production dépend de la main-d'œuvre et des sacrifices consacrés à sa culture.

Mais qu'à la place du travailleur agricole, il s'agisse d'un rentier ou d'un capitaliste, employant à l'acquisition d'un immeuble une somme de 10,000 fr. économisée sur son revenu, les frais ne seront pour lui que de 7 25 pour 100.

Dix-sept et demi pour cent dans un cas, 7 1/4 pour 100 dans l'autre, voilà la justice distributive telle que nos lois fiscales l'ont organisée! A la vérité, cet écart considérable s'atténue à mesure que le prix d'acquisition s'augmente; mais, outre que pour le travailleur ou le petit propriétaire agricole, le prix, étant le produit de l'épargne faite sur un salaire ou un revenu modique, ne peut jamais être que modique lui-même, l'écart n'en existe pas moins à tous les degrés, variant dans son chiffre selon la différence entre les prix comparés, mais toujours surchargeant la propriété en raison directe de la décroissance de sa valeur.

Que si, au contraire, le travailleur agricole, à l'exemple des laborieux et des prévoyants parmi les ouvriers des villes, emploie son épargne à l'achat d'une lettre de gage, il n'aura d'autres frais qu'un courtage modique de quelques centimes p. 0/0; et, à l'avantage d'un revenu indépendant de tout travail, ne se faisant jamais attendre, l'échéance venue, exempt d'impôt, il joindra cet autre avantage, si tentateur, de participer aux chances de tirages avec lots, ou avec augmentation du capital de remboursement.

Comment un système fiscal si contraire à l'égalité devant l'impôt, a-t-il résisté à toutes les Constitutions proclamant invariablement que « chacun contribue en proportion de sa fortune aux charges de l'État ? » Pourquoi, chaque année, un million d'acquéreurs et 300 mille emprunteurs supportent-ils des frais que ne supportent pas, à proportion, 60 mille autres acquéreurs et 30 mille autres emprunteurs (1)? C'est ce qu'on pourrait sans doute expliquer par l'esprit de tradition et de routine, entre-

---

(1) Sous le régime féodal, la base de perception en matière d'enregistrement était, dans certains cas, en rapport à la fois avec les personnes et avec les biens. C'est ainsi que le tarif annexé à la *Déclaration sur le contrôle des actes des notaires*, du 29 septembre 1722, fixe l'enregistrement des contrats de mariage à un taux variant de 50 liv. pour les personnes constituées en dignité, à 1 liv. 10 sols pour « les journaliers et autres gens du commun de la campagne ». Il en était de même, sauf changement dans le taux du tarif, pour les actes respectueux, les dons mutuels et les testaments. — Certes, il ne saurait être question à notre époque d'une distinction se rapportant aux personnes dans le taux du droit d'enregistrement ; mais le rapprochement entre la législation fiscale ancienne, ménageant le faible, et celle actuelle, ménageant le fort, était assez original pour mériter d'être essayé.

tenu plutôt que combattu par le faux calcul des divers Gouvernements qui se sont succédé en France depuis 1789. En attendant, ce système est la violation d'un principe tutélaire de droit public et d'équité, accomplie par le plus condamnable de tous les impôts, l'impôt progressif, appliqué cette fois au rebours, c'est-à-dire en raison inverse de la richesse, et augmentant à mesure de la diminution de la valeur qu'il rançonne.

Ce serait une étrange erreur de croire que les classes rurales ne se rendent pas toujours compte de l'injustice financière que telle ou telle mesure économique fait peser sur elles. L'absence de perspicacité est loin d'être leur défaut dans les questions d'intérêt. Jugeant par comparaison, elles se sont bien aperçues de l'augmentation de frais sur leurs petits contrats, depuis 1856 par la transcription obligatoire, et depuis 1862 par l'impôt du timbre. Ces nouvelles charges, expliquées par les journaux de chaque localité, ne sont pas commentées par les classes rurales d'une façon favorable pour ceux qui les leur imposent, surtout quand ces journaux enregistrent, en même temps, ces traitements, ces cumuls, absorbant et au delà, pour un seul fonctionnaire, les quatre contributions directes d'un chef-lieu d'arrondissement riche et populeux Telle évolution, générale ou isolée, opérée dans les résultats du suffrage universel par le concours des classes rurales, a sa cause dans les questions de finances plutôt que dans les questions politiques.

L'improportionnalité dans le coût des actes de même nature doit céder la place à un système d'exact rapport entre le chiffre des frais et l'importance de la transaction. Or, si l'on remonte le chemin parcouru dans les chapitres précédents, on trouve que l'improportionnalité des frais d'actes a sa cause dans les droits et les rétributions fixes dont ces chapitres fournissent les indications principales. Ce sont :

Le droit de timbre et les droits fixes d'enregistrement ;

Les droits et frais des formalités hypothécaires :

Et les droits de rôles attribués aux officiers publics.

Les mêmes indications s'appliquent aux formalités et aux actes judiciaires, avec cette différence aggravante que la plupart de ceux-ci sont inutiles, ou s'accomplissent dans des conditions en désaccord avec l'importance des intérêts engagés.

En ce qui concerne le timbre et les hypothèques, nous rechercherons les moyens d'écarter, graduellement et jusqu'à disparition complète, les vices du système (1). Quant aux droits de rôles, ils se rattachent à la vénalité des offices, question complexe et considérable, dont l'examen et la solution seront l'objet du dernier chapitre de ce livre.

VII

Impôt du timbre de dimension. — Justes modifications à y introduire. — Ajournement.

L'impôt du timbre en France date à peine de deux siècles. Son origine remonte au temps des finances besoigneuses de **Louis XIV**. Le prix du timbre de dimension employé pour les actes publics et privés, successivement augmenté à différentes époques, est resté sans variation de 1816 à 1862, époque où une loi du 9 juillet en a autorisé l'augmentation.

Le produit général s'est aussitôt accru dans une proportion très-considérable. Porté en prévision de recette dans le budget de 1861 pour 53,511,000 fr.,

---

(1) Dans les prêts hypothécaires, les frais de la signification à la compagnie d'assurances contre l'incendie seraient évités, si l'indemnité était affectée aux créances inscrites, selon l'exemple de la loi belge, du 16 déc. 1851, art. 10.

il s'est élevé pour l'exercice 1867 à 83,408,596 fr., selon les détails du tableau suivant, extrait du *Compte définitif des produits de l'Enregistrement, du Timbre et des Domaines*.

		PRODUITS EN 1867.
TIMBRE PROPORTIONNEL.		
Timbre ordinaire.		4,533,564
Effets de commerce timbrés à l'extraordinaire.		4,218,463
Timbre mobile.		1,829,988
Visa au-dessus de 20,000 fr.		159,091
		10,744,108
Abonnement : Banque de France.		471,449
— Trésoriers payeurs généraux.		82,300
Titres de rentes de gouvernements étrangers.		1,504,570
Visa des effets écrits sur papier non timbré.		996,733
Actions et obligations		8,810,245
		22,606,378
TIMBRE DE DIMENSION.		
Récépissés mobiles à 20 c.	1,152,002	
Petit papier à 50 c. la 1/2 feuille.	11,858,408	
Petit papier à 1 fr. la feuille.	7,527,248	
Moyen papier à 1 fr. 50 la feuille.	15,253,953	
Grand papier à 2 fr. la feuille	907,438	
Grand registre à 3 fr. la feuille.	433,314	
Registre des formalités hypothécaires à 3 fr. la feuille.	3,829.908	
	40,662,248	
TIMBRE EXTRAORDINAIRE ET VISA POUR TIMBRE.		
Timbre des journaux et écrits périodiques	8,071,746	
— des écrits non périodiques.	54,594	
Récépissés de chemins de fer.	4,754,373	
Timbre des affiches,	1,570,542	
— des polices d'assurances	2,365,939	
— d'autres papiers de dimension	3,345,429	
Droits d'affichage.	7,377	
	60,802,247	60,802,217
Total des produits du timbre, en 1867.		83,408,596
Produits des amendes de contraventions aux lois du timbre.		365,764

La différence de 30 millions entre la recette de 1861 et celle de 1867 représente à la fois l'augmentation normale, régulière de l'impôt du timbre, et la ressource nouvelle obtenue par le trésor à la faveur de la loi de finances de 1862 et d'un décret du 9 juin 1866, relatif au salaire de transcription des actes de mutation alloué aux conservateurs des hypothèques, décret au sujet duquel une courte explication est nécessaire.

Antérieurement, un premier décret, du 24 novembre 1855, avait réduit le salaire de transcription à 50 centimes par rôle d'écriture contenant 25 lignes à la page et 18 syllabes à la ligne, mais le papier timbré des registres hypothécaires, qui de 2 fr. la feuille a été porté à 3 fr. par la loi de 1862, avait conservé une pagination de 35 lignes. C'est là ce que le décret de 1866 est venu modifier, en réduisant le salaire à 50 centimes par rôle contenant 30 lignes à la page et 18 syllabes à la ligne. A ne considérer que le texte de ce décret, sans lire entre les lignes pour comprendre l'effet qu'on voulait lui faire produire, on y trouve une réduction de salaire, insignifiante à la vérité, mais on l'y trouve en termes clairs et précis; ce qu'on n'y aperçoit pas, c'est l'augmentation sensible de l'impôt du timbre par la transformation des registres hypothécaires, dont la pagination ne sera plus désormais que de 30 lignes au lieu de 35; et cette transformation ne s'est pas fait attendre : elle a été immédiate. La réduction du salaire est en relief dans le décret, l'augmentation indirecte du timbre ne s'y trouve qu'à l'état de réticence, mais l'une a suivi l'autre. En résumé, diminution d'un sixième du salaire de transcription ; augmentation du droit de timbre; accroissement de recette pour le trésor (1), voilà les conséquences économiques du décret du 9 juin 1866, aggravant l'impôt sous une forme ayant toute l'apparence d'une diminution.

Nous ne parlerons pas d'une autre aggravation de l'impôt du timbre, par la défense d'abréviation et la limitation du nombre de lignes dans les actes de procédure et les actes des greffes des justices de paix, sans oublier, toutefois, que ce sont là des

---

(1) La réduction du salaire étant de **40** c. et l'augmentation du droit de timbre de **42** c. 85/100 par feuille de registre, la différence, soit 2 c. 85/100, forme l'augmentation d'impôt à la charge des contribuables.

Résumant ces calculs par des chiffres exacts, pour l'exercice 1867, on trouve : accroissement du droit de timbre pour le trésor : 547,051 fr.; diminution de salaire pour les conservateurs des hypothèques : 510,660 fr.; augmentation d'impôt pour les contribuables, compensation faite de la réduction du salaire des conservateurs : 36,384 fr. — Le décret qui a modifié, dans le sens d'une aggravation d'impôt, la pagination des registres hypothécaires, est-il constitutionnel?.....

impôts nouveaux venus, dont la propriété foncière supporte la plus lourde part.

Comme tous les impôts fixes qui ne sont pas la représentation d'un service rendu, le droit de timbre de dimension est injuste dans ses applications respectives entre les contribuables. L'injustice est flagrante, en effet, dans l'espèce où un acte de peu d'importance coûte en droits de timbre autant qu'un acte de même nature et d'importance majeure ; elle ne l'est pas moins dans le cas où l'humble artisan, en se mariant, supporte en droits de timbre d'actes de l'état civil, un impôt égal à celui du propriétaire le plus richement doté. Ces exemples se reproduisent et se multiplient chaque jour dans les actes de la vie civile des imposés.

La justice exige donc que de larges modérations soient apportées dans l'impôt du timbre de dimension ; si larges que la part de cet impôt soit trop faible désormais pour être prise en considération dans le reproche d'improportionnalité qui lui est adressé.

Mais, si contraires à l'égalité devant l'impôt que soient le droit de timbre de dimension et par conséquent les augmentations de 1862 et 1866, il serait téméraire, en face d'une ressource budgétaire de plus de 40 millions, d'en proposer la modification sans, auparavant, se rendre compte de son opportunité au regard des finances de l'État. La conservation provisoire d'un impôt, même injuste, est à nos yeux préférable aux solutions dont l'inévitable résultat serait d'engendrer un trouble qui des budgets passerait dans les services publics. Qu'une mesure comme celle de la dernière augmentation du droit de timbre soit restée purement fiscale ; que sur les 30 millions de son produit (1), on n'ait pas songé à compenser une douzaine de millions avec l'abandon des droits et salaires attachés aux formalités hypothécaires ; avec la transformation de ces indigestes écritures judiciaires grossoyées, imaginées par les publicains avides de l'ancien régime et continuées, malgré leur condamnable abus, par le fisc honnête de nos jours (2) ; enfin avec la suppression de certains droits et décimes de greffe tout aussi injustifiables ; qu'on n'ait pas songé, disons-nous,

---

(1) Ce surcroît de recette égale tous les droits fixes, civils, administratifs, judiciaires et extrajudiciaires d'enregistrement, les droits de greffe et les droits d'hypothèques. V. *sup.*, p. 257.

(2) Il s'agit ici des grosses et expéditions des greffes. La limitation, si étroite à leur égard, du nombre de lignes par page et de syllabes par ligne n'a d'autre but que l'accroissement de l'impôt du timbre. Mieux vaudrait les assimiler pour leur pagination aux expéditions des actes des notaires, en augmentant à proportion les

à ces dégrèvements si intéressants pour la propriété foncière, ou bien que les nécessités budgétaires en aient exigé l'ajournement, cela est à coup sûr profondément regrettable, mais en finances une large place appartient aux faits accomplis. L'allégement des dépenses publiques, une situation financière prospère ou la révision générale des divers impôts, tels sont les faits propres à créer ultérieurement l'opportunité d'une large modification dans les droits de timbre. C'est, du moins, la conclusion à laquelle il est sage de s'en tenir aujourd'hui, sans jamais perdre de vue la réforme, ni cesser de réclamer les améliorations successives qui la préparent (1) et permettent d'en faire plus tard la juste application.

VIII

Transformation des formalités hypothécaires de transcription et d'inscription.

L'objet de la réforme, ou plutôt de la transformation des formalités hypothécaires, consiste dans les

---

droits de greffe. Le trésor y gagnerait la valeur de la matière première, le prix d'achat du papier inutilement employé, et le public y gagnerait de compulser ses titres avec plus de facilité que les montagnes de papier et d'écritures indéchiffrables qu'on lui délivre aujourd'hui.

(1) Parmi ces améliorations, il en est une qui, combinée avec

deux propositions suivantes : Suppression des droits fixes d'hypothèques, du droit de timbre (1) et des salaires du conservateur; nouveau mode de transcription des actes de mutation et d'inscription des priviléges et hypothèques.

La transcription et l'inscription seraient à l'avenir affranchies des droits et frais qui se nomment fixes, dépôt, salaires et timbre ; en un mot, à la seule réserve du droit proportionnel d'inscription, elles seraient gratuites. Le législateur accordera — ce serait justice, non faveur — ce dégrèvement à la propriété foncière, comme compensation légère de l'accroissement de l'impôt du timbre depuis 1862. Le trésor en serait d'ailleurs indemnisé, sans longue attente, par le nouvel essor imprimé au mouvement des transactions et du crédit dans les régions où les frais excessifs l'ont jusqu'ici trop souvent paralysé.

Quant à la transformation du mode de transcription et d'inscription, elle s'opérerait par la substi-

---

la transformation des formalités hypothécaires, devrait être réalisée en même temps que cette transformation : c'est celle de la suppression du droit de timbre des registres hypothécaires.

(1) Diminution de recette pour le trésor : 5 millions, dont 1,200,000 fr. en droits fixes de transcription, et 3,800,000 fr. en droits de timbre des registres.

tution des officiers ministériels aux conservateurs des hypothèques, pour le travail au moyen duquel s'accomplissent aujourd'hui ces deux formalités.

Rien de plus simple que cette substitution, qui, répartissant entre un plus grand nombre un fastidieux travail, en déchargerait les conservateurs et supprimerait, du même coup, leurs salaires corrélatifs. La régie du timbre débiterait le papier des registres, timbré à cinq centimes par feuille, — prix de revient, — imprimé et paginé comme aujourd'hui, et sur ce papier, le notaire, pour les actes de mutation reçus par lui, le greffier, pour les jugements portant transmission ou modification de propriété, l'huissier, pour les saisies, délivreraient expédition dont la remise faite au conservateur, et mentionnée sur le registre-journal des dépôts, opérerait la transcription avec les effets accordés à cette formalité par les lois existantes. — En matière d'écrits sous seings privés translatifs de propriété, la remise faite au conservateur d'un original de l'écrit, signé des parties, sur papier de registre débité par la régie, atteindrait le même but et produirait les mêmes effets. — Au cas d'inscription d'office, un bordereau sur même papier, dressé par le notaire rédacteur de l'acte, par l'avoué chargé de la procédure postérieure à l'adjudication, ou par les parties, selon qu'il s'agirait d'un acte public, d'un jugement ou d'un écrit privé, serait joint à l'expédition et mentionné sur le registre des dépôts à la même date. — Expéditions d'un côté, bordereaux de l'autre, seraient ensuite réunis par ordre de date et reliés en registres. — Un règlement d'administration publique pourvoirait d'ailleurs aux détails.

Tel est le mécanisme fort simple de cette transformation, qui réduirait le travail des conservateurs des hypothèques à la tenue du registre-journal des dépôts et des tables alphabétiques, aux mentions de subrogation et d'antériorité, aux radiations, enfin à la délivrance des états d'inscriptions.

On a déjà compris que les expéditions et les bordereaux ne donneraient lieu à aucune rémunération. Pour les greffiers, ce travail gratuit serait de faible importance ; plus faible encore pour les avoués et les huissiers ; mais il en serait autrement pour les notaires : environ 1,200,000 expéditions d'actes translatifs de propriété, et 200,000 bordereaux d'inscriptions d'office par année, telle serait la part contributive gratuite du notariat dans l'accomplissement de la réforme proposée ; mais, si nous en croyons nos propres impressions et celles d'un grand nombre de notaires consultés par nous, le notariat accueille-

rait cette charge avec la déférence méritée par toute
amélioration dont le but, en dégrevant la propriété
foncière, celle rurale surtout, est d'en régulariser la
transmission et le crédit.

Outre l'avantage de la célérité, si désirable dans
les formalités hypothécaires, la réforme serait ici
féconde pour les petites possessions. Atténuation de
l'improportionnalité des frais ; transcription de tous
les actes de mutation, générale parce qu'elle serait
désormais gratuite ; suppression des lacunes encore
nombreuses résultant du défaut de transcription, et
motivées par l'exagération de la dépense ; facilités
de transmission et facilités de crédit, voilà ses heureux résultats !

Il reste à examiner les effets de la réforme en ce
qui touche les conservateurs des hypothèques. —
D'un côté, un travail considérable épargné, de
l'autre, les salaires qui en sont la rémunération, et
qui n'excèdent guère celle allouée aux copistes char-
gés de cette fastidieuse besogne, supprimés, voilà,
pour les conservateurs, les conséquences de la réforme qu'il s'agit d'introduire. Les subrogations,
antériorités, radiations et les états d'inscriptions,
telle est l'œuvre digne de l'expérience pratique consommée qui distingue éminemment le personnel de
la conservation des hypothèques en France. C'est

aussi l'œuvre la plus productive, et la réforme ne l'atteint à aucun degré.

IX

Modifications dans le mode et les formalités des ventes et partages judiciaires.

La loi du 2 juin 1841 était à peine promulguée que l'insuffisance en était généralement reconnue. Destinée à améliorer le Code de procédure de 1806 dans la partie relative aux ventes et aux partages judiciaires d'immeubles, elle ne répondait qu'imparfaitement à ce dessein. L'adjudication préparatoire était supprimée, mais le législateur avait cédé devant d'autres formalités tout aussi abusives, et accordé aux intérêts en opposition avec la réforme une revanche désastreuse dans l'article 742. Ces intérêts étaient de deux sortes : ceux du trésor public et ceux de certaines corporations d'officiers ministériels, propriétaires d'offices achetés à prix d'argent sous le contrôle et l'investiture du pouvoir.

Les plaintes des justiciables ne tardèrent pas à se produire de nouveau, et l'on put apprécier dès lors toute l'imperfection de l'œuvre du législateur. Ces plaintes furent unanimes, énergiques, et moins de dix ans après le vote de la loi de 1841, la législature se préparait, par la révision du régime hypothécaire, à une réforme nouvelle de la procédure, lorsque les événements politiques vinrent interrompre le cours de ses travaux. Ce n'est point aux époques troublées qu'il faut demander, en dehors de l'ordre politique, des réformes considérables par elles-mêmes, et par l'importance des intérêts engagés. C'est pourquoi une nouvelle période de dix années s'accomplit encore, malgré le spectacle des ruines révélées par les comptes rendus de la justice civile, avant que le gouvernement remît à l'étude un travail embrassant, cette fois, la réforme générale de la procédure civile, travail duquel a été détaché, après adoption par le Conseil d'État, le projet de loi relatif aux ventes et partages judiciaires. Ce projet, en **178** articles, a été inséré au *Moniteur* du **21** décembre **1867**.

En cette circonstance, la tâche du Gouvernement et du Conseil d'État n'était pas seulement laborieuse, elle était délicate et difficile. Les obstacles qui avaient paralysé l'action de la réforme en **1841** existaient toujours ardents et vivaces. La propriété foncière était directement en cause, la grande comme la petite — car c'est une hérésie d'avancer que certaines formalités, bonnes pour l'une, ne le seraient pas également pour l'autre, ou que leur suppression, utile pour celle-ci, ne le serait pas aussi bien pour celle-là. — Allait-on se borner à réduire quelques droits fixes, à supprimer quelques vacations sans importance? Ou bien, donnant un libre cours à la réforme nouvelle, écartant les prétentions d'intérêts incompatibles avec elle, allait-on enfin détruire les entraves, les liens et les formalités qui affaiblissent le droit de propriété, la transmission et le crédit? Tel était le dilemme : on verra bientôt comment on l'a résolu.

La meilleure loi de procédure sera toujours celle qui, sans rien demander au droit absolu de disposition qui appartient au possesseur, n'exigera que les formalités rigoureusement indispensables et repoussera avec énergie toutes celles n'ayant d'autre raison qu'un intérêt fiscal ou de corporation. L'utilité de la réforme est à ce prix. Cette vérité ne pouvait échapper au Gouvernement, ni au Conseil d'État ; mais sa mise en pratique, facile à l'égard du fisc, l'était moins vis-à-vis de possesseurs d'offices ministériels dont les intérêts allaient se trouver affectés par la suppression d'un certain nombre de formalités lucratives. Le problème était complexe. Comment en sortir? Par une indemnité aux titulaires d'offices, ou par une combinaison qui, se bornant à de légères réductions de tarifs fiscaux, conserverait la plupart des formalités superflues, au risque de voir l'artifice en tirer bientôt de larges compensa-

tions? Le remarquable travail de M. le conseiller
d'État Riché répond suffisamment à cette question,
en faisant connaître que « plusieurs observations
présentées par des députations et mémoires de diverses catégories d'officiers ministériels, ont été ac-
cueillies par le Conseil d'État ».

De ce moment, l'intérêt de la propriété cessant
d'être l'unique préoccupation du législateur, la réforme nouvelle se trouvait sacrifiée, comme l'avait
été la première en 1841. En vain, le savant rapporteur protestait-il en faveur d'intérêts restés jusqu'ici sans appui et sans voix : « Il n'y a, poursui-
vait-il, que les paysans dont nous n'ayons reçu ni
députations, ni mémoires ; mais nous avons pensé
que nous étions nous-mêmes et que vous seriez à
votre tour, avec patriotisme et avec fermeté, les représentants de ces paysans et les interprètes de leur
silence ; » en vain, faisait-il ces réserves, la réforme
se trouvait frappée au cœur par le contre-poids d'intérêts incompatibles avec son objet et placés en concurrence avec ceux des justiciables.

Le projet de loi, sorti des délibérations du Conseil d'État, devait porter la trace de ces influences
rétrogrades et de ces tiraillements. Pas une des formalités prescrites, par la loi de 1841, en matière
de vente sur expropriation forcée, qui n'y soit re-
produite. Nous le disons avec le respect dû à l'œuvre

de l'un des grands corps de l'État, mais, en même temps, avec la fermeté d'une conviction sincère, le projet en question n'est pas une réforme. Sous ce rapport, il est plus éloigné de la loi actuelle que celle-ci ne l'était, à son origine, du Code de 1806. Loin d'améliorer la loi de 1841, il en conserve les défauts et les exagère encore par d'inutiles formalités de purge en matière de vente d'immeubles appartenant à des mineurs ou à des interdits; et se flatter d'y trouver la moindre atténuation de frais serait une pure illusion.

C'est que, pour améliorer la procédure, pour diminuer les frais, il ne suffit pas de réduire quelques droits fixes d'enregistrement, quelques émoluments sans importance. C'est aux formalités elles-mêmes qu'il faut s'attaquer, pour n'en conserver que celles strictement nécessaires, et en élaguer résolûment les inutiles. Tant que celles-ci subsisteront, c'est en vain qu'on atténuera certaines perceptions fiscales, qu'on supprimera certaines vacations; on ne remédiera à rien par une telle besogne. L'esprit formaliste saura bien en triompher et replacer les frais à leur ancien niveau (1).

---

(1) Ce raisonnement n'a-t-il pas sa preuve indirecte et officielle dans la différence entre le chiffre des frais d'un nombre de ventes réalisées dans le ressort d'une Cour d'appel, et le chiffre des frais

Parmi les améliorations nécessaires, la clause de *Voie parée* n'a pas trouvé grâce devant le Conseil d'État. Proscrite par la loi de 1841, au préjudice de

---

d'un même nombre de ventes dans le ressort d'une autre Cour? Voici quelques exemples tirés du *Compte général de l'administration de la justice civile* en 1867, de cette différence, inexplicable devant ce fait que les mêmes lois et les mêmes formalités régissent les mêmes ventes :

Ventes de 500 fr. et moins.

Agen. . . — 20 ventes. Prix : 6,015 fr. — Frais taxés 7,375 fr.
Colmar. . — 22   —   —   10,480 fr.   —   4,287 fr.
Chambéry — 26   —   —   4,904 fr.   —   10,053 fr.

Ventes de 501 fr. à 1,000 fr.

Aix . . . — 44   —   —   33,983 fr.   —   18,289 fr.
Bordeaux — 43   —   —   32,331 fr.   —   22,378 fr.

Ventes de 1,001 à 2,000 fr.

Riom. . . — 93   —   —   140,517 fr.   —   38,207 fr.
Rouen. . — 93   —   —   139,145 fr.   —   41,048 fr.

Ventes de 2,001 à 5,000 fr.

Bordeaux — 190   —   —   649,994 fr.   —   107,768 fr.
Dijon . . — 191   —   —   625,548 fr.   —   76,269 fr.

Ventes de 5,001 à 10,000 fr.

Grenoble — 111   —   —   772,316 fr.   —   51,595 fr.
Metz. . . — 116   —   —   808,547 fr.   —   41,208 fr.

Ventes au-dessus de 10,000 fr.

Nancy. . — 118   —   —   2,785,474 fr.   —   62,700 fr.
Pau . . . — 119   —   —   3,683,666 fr.   —   109,888 fr.

Pourquoi 20 ventes faites dans le ressort de la Cour d'Agen, au prix de 6,015 fr., coûtent-elles par leur procédure, au jour de l'adjudication, beaucoup plus que 22 ventes faites dans le ressort de la Cour de Colmar, au prix de 10,180 fr. ? etc.....

tant de millions de cotes foncières, elle est proscrite
de nouveau par l'article 136 du projet. En adoptant
cette résolution, le Conseil d'État n'a pas seulement,
à l'exemple de la loi de 1841, oublié « ces paysans
qui n'ont envoyé ni députations, ni mémoires, » il
a résolument sacrifié leurs intérêts de propriété et
de crédit en faveur d'un intérêt de corporation.

Il faudrait doubler ce volume pour examiner, avec
quelque détail, les 178 articles du nouveau projet de
loi, mais à quoi bon ? Pour ceux qui cherchent une
réforme en harmonie avec les besoins de la propriété foncière, les bases de ce projet de loi sont
déjà vieilles d'un demi-siècle, et c'est sur d'autres
principes que doit reposer désormais l'édifice de la
procédure civile. Le premier soin du législateur
doit être de rejeter dans l'ornière du passé les formalités exubérantes et la réglementation, tirées vi-
vantes des ordonnances de l'ancien régime par le
Code de 1806 et conservées par la loi de 1841 (1).
Aucune réforme efficace n'est possible si l'on n'é-
carte avant tout du débat ces exagérations. En suivant une autre voie, on pourra, un instant, faire
illusion aux esprits, mais on ne fera pas une réforme
digne de ce nom, ni des lumières de l'époque.

-----

(1) **V.** notam. Ordonnance d'avril 1667 (*Anc. lois franc.*
t. XVIII, p. 103), sur laquelle a été calqué le Code de 1806.

Dans cet ordre d'idées, voici, réduites à celles nécessaires et utiles à la fois, les formalités de procédure en matière d'expropriation forcée :

1° Commandement fait au débiteur, énonçant le titre, mais sans copie de pièces, et portant déclaration que, faute de paiement, aura lieu la saisie des immeubles ;

2° Saisie, 30 jours au moins après le commandement ;

3° Dénonciation de la saisie au débiteur, avec constitution d'avoué et déclaration du jour où il sera référé à M. le président du tribunal, afin de nomination d'un notaire pour procéder à la vente. L'ordonnance de nomination, contradictoire ou par défaut, n'est susceptible d'opposition ni de recours ;

4° Transcription au bureau des hypothèques de la situation des biens saisis (1) ;

5° Cahier des charges rédigé par le notaire commis, dans lequel le notaire indique les lieu, jour et heure de l'adjudication et dresse le modèle de l'insertion sommaire au journal.

6° Sommation faite au débiteur de vérifier le cahier des charges. En cas de réclamation de sa part, non acceptée par le saisissant, il est statué,

---

(1) V. *sup.*, p. 296, pour la transformation du mode de cette formalité qui serait désormais gratuite.

en référé, par M. le président du tribunal. L'ordonnance, contradictoire ou par défaut, est mise au bas du cahier des charges, et n'est susceptible ni d'opposition ni de recours.

Au minimum, il est fait une insertion sommaire (comme en matière amiable) dans un journal de l'arrondissement, ou, à défaut, dans un journal du département, et il est apposé, dans chaque commune de la situation des immeubles saisis, cinq affiches, imprimées ou manuscrites, contenant la désignation des immeubles, telle qu'elle est faite dans le cahier des charges.

7° S'il survient d'autres saisies, elle sont mentionnées en marge de la transcription première, et les nouveaux poursuivants sont subrogés, de plein droit et sans frais, au premier saisissant transcrit, faute par celui-ci de continuer ses poursuites après sommation par acte d'avoué ;

8° Le saisi conserve le droit de vendre et d'hypothéquer ; mais en cas de vente, la saisie, transcrite ou mentionnée, confère au poursuivant le droit de surenchérir, indépendamment de toute inscription, et le droit d'être colloqué dans l'ordre, par privilége, pour les frais taxés de la première saisie transcrite ;

9° S'il y a lieu à demande en distraction, elle est introduite par un simple acte d'avoué, et jugée par le tribunal. En cas de contestation téméraire, le sai-

sissant peut. selon les circonstances, être con-
damné aux dépens personnellement ;

10° Enfin, la saisie est rayée par le conservateur
des hypothèques sur le simple consentement du
créancier saisissant ou subrogé ; mais les frais de
la saisie rayée ne peuvent être admis à l'ordre comme
accessoires de la créance.

Toute personne peut surenchérir dans la quin-
zaine de l'adjudication, en portant le prix et les
charges à un sixième en plus. La surenchère se fait
par déclaration à la suite du procès-verbal d'adjudication. Elle est dénoncée au saisi et à l'adjudicataire,
†réputée valable de plein droit, à défaut de con-
₋restation de la part de celui-ci dans la huitaine. Les
immeubles sont remis en vente devant le notaire
commis, sous les mêmes conditions de publicité
que pour l'adjudication primitive.

S'il y a lieu à ordre sur le prix, il est procédé
conformément à la loi du 21 mai 1858.

Lorsqu'il y a lieu à ordre sur vente volontaire, il
est procédé comme suit :

L'expédition du contrat de vente et l'état des inscriptions sont déposés au greffe , avec réquisition

d'ouverture d'ordre. Des lettres chargées sont ensuite adressées, conformément à la loi de 1858 : 1° aux créanciers inscrits ; 2° aux acquéreurs ; 3° aux vendeurs. Elles relatent le dépôt fait au greffe, invitent le créancier inscrit à produire ses titres, l'avertissent de la faculté de surenchérir, s'il y a lieu, et avertissent l'acquéreur de la faculté de délaisser, si, d'après les conditions du contrat, le prix de la vente n'est pas exigible. La surenchère ou le délaissement se fait, soit avant, soit pendant la séance même de convocation, faute de quoi il y a déchéance et le prix est exigible. Avant la séance de convocation, la surenchère a lieu par déclaration au greffe ; durant la séance, par déclaration dans le procès-verbal du juge-commissaire, sans caution. Il en est de même du délaissement. Une ordonnance de M. le président, mise à la suite de la déclaration faite au greffe, ou du juge-commissaire, inscrite dans le procès-verbal de la séance de convocation, commet un notaire pour procéder à la vente, et au cas de délaissement, nomme aussi un curateur, à la diligence duquel la vente est poursuivie, sans autre formalité. L'ordre est ajourné pour être repris après la consommation de la vente. — Enfin, les créanciers non comparants sont condamnés à l'amende, et ceux dont l'opposition ou la non-comparution aura empêché la distribution du prix à l'amiable, peuvent être condamnés aux frais de l'ordre. (1)

Des formalités prescrites pour la purge des hypothèques légales, supprimer la copie collationnée, le dépôt au greffe et l'affiche au tableau. Le dépôt, la copie collationnée, l'affiche et, plus tard, l'acte de retrait de toutes ces pièces sont absolument sans utilité. Ils pourraient être remplacés avec avantage dans l'insertion au journal et dans les notifications à la femme, au subrogé tuteur, etc., par l'indication de la date, du volume et du numéro de la transcription de l'acte de mutation.

Nous n'aborderons pas, d'une manière spéciale, les formalités relatives aux ventes d'immeubles appartenant à des mineurs ou interdits ; aux ventes d'immeubles dépendant de successions bénéficiaires, de successions vacantes, de faillites ; aux ventes sur licitation, etc., etc. Ce serait s'exposer à des redites. Les formalités relatives à la vente sur expropriation forcée leur sont applicables, en ce qui concerne la nomination d'un notaire et les publications par insertions et affiches.

---

(1) Cette dernière disposition est empruntée à la législation belge (loi du 15 août 1851).

Quant au partage dans lequel seraient intéressés des mineurs, des interdits, ou des absents, il suffira de convertir en loi l'art. 147 du projet (1).

Ces indications ne sont qu'une simple ébauche à compléter par les délais légaux et les détails ; mais leurs bases sont celles que sollicitent de toutes parts l'état de division et les besoins de la propriété foncière.

On a déjà saisi les divers points par lesquels la

----

(1) En voici le texte : Art. 147. Les parties sont même autorisées, lorsqu'il y a parmi elles des mineurs, des interdits ou des absents, pourvu que les uns et les autres soient légalement représentés, à procéder à l'amiable aux opérations de compte, liquidation et partage, sans qu'il soit nécessaire de tirer les lots au sort ni d'observer l'article 832 du Code Napoléon, mais à charge de se conformer aux dispositions ci-après :

1° Le partage sera précédé d'une estimation des biens faite par un ou trois experts nommés par le président du tribunal du lieu de l'ouverture de la succession, sur requête présentée au nom de tous les intéressés ;

2° Le partage sera toujours fait par acte notarié ; le notaire sera choisi comme il vient d'être dit pour l'expert ;

3° Il devra être approuvé par délibération du conseil de famille des mineurs ou des interdits : la délibération devra être unanime ; ne pourront y prendre part ni les copartageants, ni leurs parents ou alliés en ligne directe, sauf à pourvoir conformément à l'article 409 du Code Napoléon ;

4° L'acte et la délibération devront être homologués par jugement du tribunal, rendu sur la requête collective des parties, le ministère public entendu.

procédure nouvelle différerait essentiellement de celle qu'il s'agit de réformer.

Dans le système actuel, le droit de propriété est entravé, suspendu, à partir de la transcription de la saisie. L'immeuble saisi ne peut plus être vendu qu'à la condition de désintéresser sans délai le poursuivant et tous les créanciers inscrits. Il s'ensuit que, la saisie transcrite, s'il s'agit d'un immeuble grevé d'inscriptions supérieures à sa valeur vénale, — et c'est le cas ordinaire, — le propriétaire doit subir jusqu'au bout les douceurs de l'expropriation. Force est pour lui de rester simple spectateur de sa propre ruine et de la dépréciation du gage de ses créanciers, quand il pourrait amoindrir l'une et conjurer l'autre, en vendant à l'amiable, si une législation inintelligente n'y mettait obstacle (1).

Et pourquoi cette entrave ? Est-ce que le but de la saisie n'est pas la vente et la distribution du prix ? Est-ce que ce but, la vente directe par le propriétaire n'y conduit pas plus vite, plus sûrement, à moins de frais et avec un prix plus élevé ? A cet ar-

---

(1) Le vice de cette législation s'est manifesté récemment (sept. 1869), à propos d'un immeuble contigu au domaine de Pierrefonds et dont la vente était proposée à la liste civile impériale. Rien ne pouvait mieux faire ressortir que les circonstances de cette affaire, l'évidente nécessité d'une réforme à laquelle propriétaires, débiteurs et créanciers sont également intéressés.

gument sans réplique, on oppose la collusion, la vente à vil prix, comme si la vente à vil prix n'était pas le sort ordinaire de l'expropriation forcée; comme si le droit commun était insuffisant contre la fraude; comme si, enfin, le créancier investi du droit de surenchère ne pouvait, par ce moyen, déjouer lui-même toute combinaison contraire à ses propres intérêts.

La législation actuelle prescrit d'introduire les créanciers inscrits dans la procédure d'expropriation par une sommation, après laquelle la saisie ne peut plus être rayée que de leur consentement unanime. Cette disposition, rivant l'immeuble saisi à toutes les phases d'une procédure désastreuse, procède du même esprit que l'interdiction de vendre et offre les mêmes inconvénients. Elle a pour résultat ordinaire, et c'est assurément l'opposé de celui que s'est proposé le législateur, d'augmenter considérablement les frais de l'expropriation. En effet, lorsque le poursuivant étant désintéressé après toutes les formalités remplies, il y a lieu pour un autre créancier à subrogation dans les poursuites, cette subrogation entraîne, sous la loi actuelle, à des frais plus onéreux que ceux de la saisie elle-même. L'appel des créanciers est aussi inutile dans une procédure de saisie qu'il le serait pour une vente amiable. La publicité de la vente et la faculté de surenchérir sont pleinement suffisantes pour leurs intérêts. C'est pourquoi, dans le système préconisé ici, les créanciers inscrits demeurent étrangers aux différents actes de la procédure.

Mais la dérogation la plus saillante du système nouveau est dans l'attribution des ventes judiciaires aux notaires.

A peine séparée de la France par les traités politiques, la Belgique s'est empressée d'insérer dans ses codes cette dérogation à la législation française. La loi belge du 12 juin 1816, qui consacre ce changement, est motivée sur ce que « la scrupuleuse observation des formalités prescrites par les lois existantes entraîne des retards dans la liquidation des successions et des frais inutiles ». Neuf articles, véritables modèles de simplification législative, ont suffi pour l'élaboration de la législation nouvelle, dont la Belgique recueille les avantages depuis plus d'un demi-siècle. Parmi ces articles, nous ne résistons pas à transcrire en note le dernier (1) qui, ap-

____

(1) Art. 9. — Le partage se fera désormais par le ministère d'un notaire et témoins, par devant le juge de paix du canton où la succession est ouverte, et en présence des tuteurs spéciaux et subrogés des mineurs, ou des mineurs émancipés, assistés de leurs

plicable aux partages et licitations intéressant les mineurs et interdits, remplit en Belgique, avec moins de formalités encore, le rôle que l'art. 147 du nouveau projet de loi serait appelé à remplir en France.

Les raisons les plus plausibles, les motifs les plus légitimes, parmi lesquels sont l'économie des frais et un prix supérieur, s'accordent, au surplus, pour le renvoi des ventes judiciaires aux notaires.

L'expropriation forcée avec vente à la barre du tribunal inflige au débiteur une sorte de flétrissure, un véritable discrédit moral, tandis que la vente renvoyée devant notaire conserve, aux yeux du public, le caractère attaché aux actes de la juridiction volontaire. — A celle-ci, le débiteur, sollicité par les conseils et l'influence conciliatrice du notaire,

---

curateurs, ou au lieu de l'émancipé, d'une personne autorisée à cet effet par procuration spéciale. Le juge de paix devra veiller particulièrement à ce que les lots soient dûment formés, et en général, à ce que les intérêts des mineurs soient convenablement observés dans ces partages. Lorsque les intéressés majeurs et les tuteurs des mineurs, ou bien ces derniers entre eux, ne s'accordent point sur la formation des lots, ou lorsque le juge de paix lui-même le trouvera convenir pour les intérêts des mineurs, il désignera un ou plusieurs experts, et leur fera prêter serment à l'effet de former les susdits lots. Les lots ainsi formés seront, par devant le juge de paix, adjugés aux divers copartageants, soit par arrangement à l'amiable, soit par la voie du sort, et il en sera fait mention dans l'acte notarié du partage.

prete ordinairement son concours, soit par la communication de ses titres de propriété, soit en fournissant les renseignements utiles pour la clarté et la précision dans la rédaction du cahier des charges.

Les frais de la vente faite à l'audience sont plus considérables que ceux de la vente renvoyée devant notaire. La première donne lieu à des perceptions fiscales (droits de greffe) et à des significations que la seconde ne comporte pas. Sous ce rapport, les tableaux qui accompagnent dans le *Moniteur* du 21 décembre 1867 le projet de loi délibéré par le Conseil d'Etat, ne peuvent guère servir à éclairer la question, les frais de la vente amiable placés en regard de ceux de la vente judiciaire étant, pour la plupart, imaginaires et de pure fantaisie.

Faite dans la commune de la situation des immeubles, au centre d'enchérisseurs en rapport direct avec l'officier public qui procède, et duquel ils obtiennent, pour les frais, des facilités et des délais appropriés à leurs ressources, la vente devant notaire est entourée de tous les éléments propres à porter les immeubles à leur véritable valeur. — Faite au contraire à la barre d'un tribunal éloigné de la situation des immeubles, sur un cahier des charges mal compris, à des enchérisseurs que l'obligation de se servir d'intermédiaires et la difficulté de se renseigner exactement à l'avance sur le chiffre des frais de l'adjudication, rendent toujours hésitants, la vente subit dans son prix une dépréciation sensible. « Il n'y a pas, a dit un magistrat éminent (1), de plus mauvaises ventes que celles qui se font d'autorité de justice ; la vileté du prix n'est que trop ordinaire dans ces sortes de contrats ». Les surenchères en fournissent la preuve générale, par leur nombre respectif entre les ventes faites à la barre des tribunaux et les ventes judiciaires renvoyées aux notaires ; et cette preuve, si elle pouvait être contestée, serait bientôt corroborée par une autre, ne laissant prise à aucune objection dilatoire : nous voulons parler de la comparaison entre le prix de la vente judiciaire ou amiable d'un immeuble devant notaire, et le prix obtenu par la vente du même immeuble devant un tribunal à une époque rapprochée. Les éléments de ces comparaisons, qui existent en grand nombre dans les études des notaires, accusent au bénéfice de la vente notariée une différence de prix s'élevant parfois jusqu'au double. Cette différence représente la mesure de l'intérêt des justiciables et du fisc lui-même au transport des ventes judiciaires dans les attributions du notariat. En tenant compte de cet intérêt, le législateur ne serait pas seulement « l'interprète du silence et le représentant de ces paysans

---

(1) Troplong, *Commentaire de la vente*, t. 2, p. 425.

qui n'ont envoyé au Conseil d'Etat ni députations, ni mémoires », il serait encore l'interprète des vœux unanimes des justiciables.

Cette partie de notre tâche serait terminée, si, satisfaction étant donnée à l'intérêt général, il n'était juste d'essayer, dans la mesure du possible, de satisfaire aussi les intérêts particuliers auxquels la réforme porterait directement atteinte. Parmi ces intérêts, et au premier rang, se trouvent ceux d'une corporation honorable, ayant, comme les autres corporations d'officiers ministériels, acheté ses offices en vue d'émoluments basés sur la législation existante : nous voulons parler de la corporation des avoués de première instance.

Qu'une compensation lui soit due pour les émoluments des ventes qui, précédemment conservées à la barre des tribunaux seraient à l'avenir faites par les notaires, c'est ce qu'indique l'équité. Toutefois, ce n'est pas au Trésor public qu'il faut en demander les moyens. On répondrait pour lui, avec les termes du rapport fait au Conseil d'État — et nous n'en méconnaissons, pour notre part, ni la justice ni la logique, « que nul n'a le droit de se plaindre quand, pour guérir un mal réel, la loi frappe uniquement sur les causes qui l'engendrent et sur les abus qui l'aggravent » : qu'en accordant la permission de

transmettre les offices, « la loi de 1816 eût été anti-
nationale, impie, si elle avait aliéné le droit du législateur de réformer la legislation » ; enfin que « les
abus ne sont pas une propriété dont l'État doive la
garantie pour cause d'éviction ». C'est donc ailleurs
qu'il faut chercher les éléments d'une indemnité légitime. Pour nous, ces éléments se trouvent dans la
combinaison selon laquelle les remises proportionnelles accordées simultanément au notaire et à
l'avoué, en matière de vente judiciaire renvoyée,
appartiendraient exclusivement à l'avoué sur toute
vente n'excédant pas 100,000 fr. Le notaire ne retirerait de la vente de 100,000 fr. et au-dessous, après
ses déboursés, rien autre chose que les droits de rôles
du cahier des charges et des expéditions ou extraits
dont la délivrance serait requise par les parties.

Cette solution, empreinte de désintéressement
autant que d'esprit de justice, ne rencontrera pas de
contradicteurs dans le notariat, nous en avons la
ferme assurance. C'est le pacte le plus équitable que
puissent signer, dans l'intérêt des justiciables, à
propos des réformes en projet, deux corporations
rapprochées par l'estime et qui comptent dans leurs
rangs respectifs de très-nombreux amis.

Mais, quelle que soit à cet égard, comme sur les

autres points de la réforme, la décision du législateur, il est temps d'appliquer à la procédure ce que l'on a dit du vieux monde politique : « *La vieille procédure est à bout.* » La vieille procédure, c'est la propriété réglementée, entravée, livrée à des formalités et à des intérêts hostiles. La nouvelle doit procéder de principes entièrement opposés : sa véritable assise doit être la liberté du sol, la liberté du possesseur, la liberté des transactions, l'épargne sévère des formalités et des frais.

X

Réductions fiscales. — Récapitulation. — Mise à exécution graduelle. — Moyens de compensation.

Le moment est venu de récapituler les réductions fiscales indiquées sous les précédents paragraphes de ce chapitre. On en pressent d'avance toute l'importance, en se rappelant que, sauf opportunité d'application, le droit de transcription sur les mutations à titre onéreux et la réduction notable du prix du timbre de dimension s'y trouvent compris.

Voici cette récapitulation, dont les détails sont fournis par le *Compte définitif des produits de l'enregistrement, du timbre et des domaines, en* 1867 (1) :

----

(1) C'est le dernier compte rendu définitif de l'administration des finances. Celui de l'exercice 1868 n'est pas encore publié.

1° Droit de transcription sur les mutations à titre onéreux : 30,781,091 fr. (1). plus le décime.

Ce qui a été dit à propos de la réduction du prix du timbre de dimension s'applique, par la même raison, à la suppression du droit de transcription. En face des besoins actuels du Trésor, savoir attendre du temps ce que le temps seul peut donner, et se contenter d'abord du possible, sous le bénéfice de réserves pour l'avenir, c'est éviter les écueils contre lesquels viennent souvent échouer les aspirations les plus légitimes, quand elles sont dépourvues de la condition essentielle de toute réforme : à savoir, l'opportunité. Ces réserves faites, la réduction du droit de transcription sur les actes à titre onéreux n'est, *provisoirement*, inscrite sur cette liste que pour ordre.

---

(1) Sur les ventes. . . . . 29,297,115 fr.
— Réunions d'usufruit à nue propriété. . . . 312,293 fr.
— Échanges . . . . 578,472 fr.
— Soultes d'échanges. . . . . 254,007 fr.
— Adjudications d'immeubles dépendant de successions bénéficiaires, au profit des cohéritiers . . . . 296,381 fr.
— Actes de sociétés contenant apports d'immeubles. 42,823 fr.

30,781,091 fr.

Décime. . . . . 3,078,109 fr.

33,859,200 fr.

2° Droit sur les échanges d'immeubles contigus (évaluation)   100,000

3° Moitié du droit sur les baux à ferme et à loyer : 1,134,249 fr. réduit à 550,000 fr. par compensation avec l'augmentation du nombre des baux que la réduction du droit attirerait à l'enregistrement.   550,000

4° Moitié du droit sur les cessions et délégations de créances à terme . . .   1,151,515

5° Moitié du droit sur les obligations.   4,689,473

6° Moitié du droit sur les libérations : 2,808,414 francs, réduit à 1,400,000 fr. par compensation avec l'augmentation du nombre des quittances   1,400,000
____
7,890,984

Décime   789,098

7° Droits fixes d'hypothèques, évaluation : 1,200,000 fr., compensés avec le droit de transcription sur les actes de distribution de biens (partage d'ascendants), réduit à 50 c. et perçu, non plus au bureau des hypothèques,
____
À reporter. . .   8,680,082

Report. . . . 8,680,082

mais lors de l'enregistrement des actes.   » »

8° Timbre des registres hypothé-
caires 3,800,000

9° Réduction du prix du timbre de
dimension : (1/3 sur la feuille de 1 f.
50 cent., et 1/2 sur la feuille de 1 fr.
et la demi-feuille de 50 centimes,) :
14,777,466 fr.; mais, par suite des motifs déjà déduits, cette réduction n'est
inscrite *provisoirement* que pour ordre.

Total. 12,480,082

Douze millions et demi ! telles sont, ainsi modifiées, les réductions fiscales que l'agriculture et la
propriété foncière sollicitent de la justice immédiate
des pouvoirs publics.

Les motifs des réductions ou suppressions relatives
aux échanges d'immeubles contigus, aux baux, aux
droits fixes d'hypothèques et au timbre des registres
hypothécaires ont été expliqués plus haut, et nous
y renvoyons le lecteur.

Quant à la réduction à la moitié, du droit actuel
de 1 p. 100 sur les cessions, délégations et obligations de sommes, et du droit de 50 c. pour 100
perçu sur les libérations, elle ne serait, comparée
aux autres perceptions similaires, qu'une tardive jus-

tice distributive. accomplie par le retour pur et simple à la loi de finances de 1850, malencontreusement abrogée par celle de 1855.

N'est-il pas inexplicable, en effet, que les cessions d'actions et coupons d'actions mobilières des compagnies et des sociétés d'actionnaires soient taxées à 1/2 p. 100, tandis que les cessions de créances et les obligations ordinaires sont taxées au double? Est-il juste que le droit de transmission et de transfert de titres de sociétés françaises soit réduit à 12 ou 20 c. p. 100, par année, selon que l'action ou l'obligation est au porteur ou nominative, alors que pour mettre cette perception au niveau de celle appliquée aux cessions de créances ordinaires à terme, il faut admettre l'hypothèse d'une seule transmission, d'un seul transfert en 8 ans et demi pour les titres au porteur, en 5 ans pour les titres nominatifs? L'action ou l'obligation au porteur ne change-t-elle donc de mains qu'une seule fois en 8 ans et demi, et l'action ou l'obligation nominative qu'une seule fois en 5 ans?.... De plus, la cession de la créance ordinaire à terme n'est-elle pas grevée de droits de timbre, d'hypothèques et d'honoraires que ne supporte pas, dans le même cas, l'action ou l'obligation industrielle, même nominative?

Si l'état des finances publiques le permettait, c'est à 60 millions, au moins, qu'il serait légitime

de porter, dès le prochain exercice, les suppressions
ou réductions fiscales destinées à soulager l'agriculture et la propriété foncière. Ce n'est qu'après hési-
tation, et avec un profond regret, que nous en avons
éliminé, à titre essentiellement temporaire, le droit
proportionnel de transcription des actes de mutation
à titre onéreux, et l'abaissement du prix du timbre.
En s'arrêtant aux recettes que l'agriculture et la propriété foncière alimentent à peu près seules, — celles
de l'enregistrement, du timbre de dimension et des
hypothèques, — on se demande, en effet, pourquoi on
n'appliquerait pas à ce dégrèvement de 60 millions
une partie de l'augmentation de 80 millions, accu-
sée dans les produits de l'enregistrement par la balance des exercices 1857 et 1867 (1), sans compter
l'énorme accroissement du produit de l'impôt du
timbre depuis 1861 (2).

Mais puisque le droit de l'agriculture et de la propriété foncière à l'obtention d'un dégrèvement fiscal
considérable doit se restreindre temporairement en
faveur des nécessités financières actuelles de l'Etat :
puisqu'il ne reste debout qu'une faible partie de ce

---

(1) V. tableau, *sup.*, p. 257.
(2) L'accroissement est de 30 millions, et s'applique pour 12 à
15 millions aux actes se rapportant à la transmission, au loyer et
au crédit de la propriété foncière.

qu'elles pourraient légitimement prétendre, du moins est-il juste de n'en pas retarder la concession. C'est à la prochaine loi de finances d'y pourvoir, en même temps qu'à la transformation des formalités de transcription et d'inscription dont nous avons déjà exposé les détails. Par ce côté de la réforme, si incomplet qu'il soit, la représentation nationale donnerait, d'une façon efficace, une preuve de la sollicitude dont elle est animée pour l'industrie du sol, pour les populations rurales au sein desquelles elle a été élue, et qui, en lui confiant le soin d'intérêts parfois négligés ou méconnus dans le passé, ont eu en vue, non les priviléges, non les immunités, mais la juste et sévère répartition des charges publiques.

C'est, en effet, à la petite propriété rurale, surtout, que profiterait ce premier pas dans la voie de la réforme. Son million d'acquéreurs, et ses 300 mille emprunteurs annuels, verraient aussitôt diminuer, comme par enchantement, les frais onéreux et hors de proportion de leurs actes. La petite propriété est reconnaissante à qui lui vient en aide au milieu d'un labeur pour lequel elle ne marchande ni les heures, ni les privations. Elle est patiente aussi et satisfaite pour peu, à l'exemple de la lente accumulation de sa modeste épargne. Qu'on lui accorde d'abord la suppression des droits fixes d'hypothèques et de timbre des registres hypothécaires, avec la transformation des formalités de transcription et d'inscription ; qu'on lui accorde successivement la réduction du droit d'enregistrement des baux, et les autres réductions déjà énumérées ; qu'on la sauve enfin des procédures désastreuses, et elle attendra, sans plainte, que l'amélioration des finances publiques permette de compléter une réforme pour elle déjà tardive, et vers laquelle sont tournées ses espérances justifiées en raison et en équité.

Se plaçant au point de vue des nécessités budgétaires, contesterait-on l'opportunité d'une réduction de 12 millions et demi, au compte des produits de l'enregistrement, même en face d'un accroissement qui dépasse aujourd'hui 100 millions? Diminuez les dépenses publiques, pourrait-on répondre, à commencer par les improductives, qui consomment sans rien laisser en leur place, et que le sentiment public indique avec une persistance dont il serait superflu de traduire ici la portée.

Mais, est-ce impossible, et ne peut-on, quant à présent, ni se passer des dépenses, ni diminuer les recettes? Deux moyens s'offrent, néanmoins, de réaliser, en partie, le dégrèvement préconisé en faveur de l'agriculture et de la propriété foncière :

Le premier consisterait, d'un côté, à supprimer les droits fixes d'hypothèques et le timbre des registres hypothécaires, et à transformer les forma-

lités de transcription et d'inscription,—au total cinq
millions, environ, en diminution, pour le Trésor :
— de l'autre à conserver le demi-décime. représentant à peu près la même somme, sur les mutations à
titre gratuit.

Le second, de beaucoup préférable, consisterait à
concéder le dégrèvement de 12 millions et demi, et
à le remplacer par une augmentation du droit fiscal
sur les transmissions de titres de sociétés françaises
et étrangères. Ce droit fiscal serait porté à 30 c.
pour 100 sur les actions et obligations, sans distinction entre celles au porteur et celles nominatives (1).
Son produit, l'exercice 1867 pris pour base, passant
de 10 millions 600 mille fr., à plus de 23 millions,
ferait exactement contre-poids, dans le budget, au
dégrèvement sollicité (2).

Mais cette aggravation considérable de l'impôt

---

(1) La loi du 23 juin 1857, qui a établi un droit fiscal de
transfert et de conversion sur les actions et obligations industrielles, traite plus favorablement les valeurs au porteur que celles
nominatives. Le droit est sur les premières de 12 c., et sur les
secondes de 20 c. p. 100 du capital formé par le cours moyen de
l'année précédente. — La commission du Corps législatif avait
demandé l'égalité d'impôt pour les deux valeurs, mais son opinion
n'a pas été partagée par le Conseil d'État. « Après avoir insisté à
plusieurs reprises, nous avons dû céder » porte le remarquable
rapport de cette commission, inséré au *Moniteur* du 7 mai 1857.

(2) Voici le détail des droits perçus sur les actions et obligations en 1867 :

est-elle justifiée, à l'égard des actions et obligations, non-seulement par la multiplicité indéfinie des transmissions de ces valeurs, mais encore comme conséquence du principe de la répartition égale et proportionnelle des charges publiques ? L'affirmative

Titres de chemins de fer français.

Droits d'abonnement sur les actions au porteur, 12 c. p. 100. . . . . ?	1,752,172 fr.
Ibid. sur obligations au porteur	1,959,655 fr.
Droits de transmissions et de transferts des actions nominatives, 20 c. p. 100	11,186 fr.
Ibid. des obligations nominatives	62,055 fr.
Droits de conversion des actions au porteur en actions nominatives et *vice versâ*, 20 c. p. 100.	230,115 fr.
Ibid. des obligations.	661,452 fr.
	4,676,637 fr.

Autres valeurs industrielles françaises.

Mêmes opérations et mêmes droits.	2,869,992 fr.

Titres de sociétés étrangères.

Droits d'abonnements sur les actions et obligations nominatives ou au porteur, 12 c. p. 100.	2,116,167 fr.
	9,662,796 fr.
Décime pour franc.	966,279 fr.
Total. . .	10,629,076 fr.

Le *Compte définitif des produits de l'enregistrement, du timbre et des domaines,* auquel nous empruntons ces chiffres, porte les valeurs sur lesquelles les droits ont été assis, chiffres ronds, savoir : celles de chemins de fer français, à 3 milliards 575 millions ; les autres valeurs industrielles françaises, à 2 milliards 194 millions ; et celles de sociétés étrangères, à 1 milliard 763 millions.

est incontestable, et, à cet égard, la démonstration ne viendra pas de nous, elle sera fournie par un document officiel, résumant les produits de l'enregistrement pour l'exercice 1867 et dont voici l'extrait :

NATURE DES ACTES ET MUTATIONS.	MONTANT DES VALEURS.	MONTANT des droits constatés.
	fr. c.	fr. c.
Transmissions mobilières.	10,228.946,871,52	82,794,625,66
Transmissions immobilières.. . .	4,421,970,384,53	183,822,731,57
Baux et antichrèses.	4,148 693,217,00	2,732,492,67
Actes divers soumis aux droits proportionnels.	3,409,980,967,50	25,111,742,06
Actes divers soumis aux droits fixes.	» »	22,763.775,05
Droits et demi-droits en sus. . .	» »	3,053,382,00
	19,209,561,437,55	320,278,749,01

Le défaut d'équilibre dans la répartition des droits d'enregistrement et de mutation, entre les valeurs mobilières et celles immobilières, ressort de ce tableau, d'une façon saisissante :

Les transmissions mobilières, en 1867, se sont élevées à 10 milliards, et les droits perçus à 82 millions.

Les transmissions immobilières n'ont été que de 4 milliards, mais les droits perçus à leur sujet se sont élevés à 183 millions.

Et si l'on ajoute au compte des immeubles, outre

les droits sur les baux et locations, les neuf-dixièmes
qui leur sont afférents dans les actes divers, contre
un dixième afférent dans les mêmes actes aux valeurs mobilières, la proportion relative des droits
perçus du chef de l'enregistrement et des mutations
est celle-ci : 88 millions pour les transmissions mobilières s'élevant à 10 milliards, et 232 millions
pour les transmissions immobilières dont l'importance est de 4 milliards.

Or, pour quelle somme les actions et obligations
de sociétés françaises et étrangères figurent-elles
dans ce chiffre de 10 milliards applicable aux transmissions mobilières? Pour 7 milliards 533 millions.
— Sept milliards et demi, créés en franchise de
droits d'enregistrement et de taxes quelconques, à
l'opposé d'autres valeurs, telles que les créances
hypothécaires , surchargées à l'origine de droits
fiscaux à différents titres.

Et sur ces 7 milliards et demi, 5 milliards sont
en valeurs françaises au porteur, dont une notable
partie se dérobe aux droits de mutation par décès,
sous les yeux mêmes du notariat, et malgré ses conseils et ses résistances.

Les calculs établissant avec exactitude l'énorme
différence relative qui existe au préjudice des immeubles, dans la répartition des charges, nous en-

traîneraient beaucoup trop loin; mais les détails qui précèdent suffisent à établir, même pour les esprits prévenus, la justice d'une augmentation fiscale sur les valeurs de Bourse, en vue du dégrèvement de la propriété foncière. C'était aussi la raison invoquée à l'appui de la loi du 23 juin 1857, et, à cet égard, on peut assurer que la cause est entendue, et que la décision à rendre ne saurait être douteuse.

CHAPITRE XVIII

I

La question du remboursement des offices ministériels et de la suppression de leur vénalité, envisagée dans ses rapports avec les principes de droit
public, avec les finances de l'Etat, l'intérêt des justiciables et l'intérêt des titulaires, est assurément
l'une des questions les plus délicates et les plus
considérables de notre époque. Cependant la lumière
s'est faite à son sujet. L'opération dont on pouvait
dire, sous un autre régime, sans être aussitôt couvert de confusion, qu'elle serait un péril social (1),
a franchi le degré d'opportunité; elle est devenue

____

(1) « Par l'abolition de la propriété des offices, la société serait
ébranlée de fond en comble, » disait M. de Schonen, député, dans
la séance du 24 nov. 1831. « Le sol même serait exposé aux se-
cousses les plus désastreuses, » ajoutait un autre député, M. Gil-
lon. — On peut, par ces arguments au moins étranges, se rendre
compte du chemin parcouru par la question des offices depuis
40 années.

une nécessité sociale à laquelle se rallient tous les intérêts légitimes ; et, grâce au développement de la science économique, elle n'est plus aujourd'hui qu'une de ces questions simples qu'un gouvernement peut envisager sans en être troublé, et dont la solution a son opportunité permanente dans l'importance même de ses avantages.

Mais quelle sera la solution? Tout dépend d'elle, et une seule peut honorablement être entreprise : c'est celle qui, tenant la balance exacte entre les divers intérêts, sera exempte d'iniquité.

En plaçant, dès le début, la solution sous cette sauvegarde, nous avons voulu indiquer l'esprit qui nous a guidé une première fois, et qui continuera de nous guider dans cette nouvelle étude.

Nouvelle, disons-nous, car la question dont l'objet forme le titre de ce chapitre a été abordée déjà par l'auteur, dans un ouvrage spécial, publié il y a 10 ans (1). Le but de ce premier travail était moins d'obtenir une réforme immédiate que de dégager la question elle-même des problèmes équivoques et contradictoires qui en embarrassaient la marche.

---

(1) *Du Remboursement des offices ministériels et de la suppression de leur vénalité; exposé financier, avantages, opportunité et mode d'exécution de cette mesure.* (Un vol., in-8°, 1860, chez Cosse et Marchal, place Dauphine, à Paris).

L'époque, d'ailleurs, était peu propice pour une solution de cette importance. La France, plongée dans une profonde léthargie politique, n'était pas prête pour la discussion de questions viriles de nature à troubler, par leur apparition sur la scène et par le poids de leur influence financière, les idées spéculatives qui avaient pour le moment envahi les esprits.

Quoi qu'il en soit, l'accueil sympathique fait au livre et les témoignages d'approbation qui, du plus humble office ministériel aux rangs les plus élevés de la magistrature, sont parvenus à l'auteur, ont confirmé en lui l'opinion que la question des offices ministériels était mûre, et n'attendait, pour se produire, dans tout l'éclat de ses avantages, que l'heure de l'opportunité.

Cette heure est venue. Les principes du droit public, altérés par le rétablissement de la vénalité des offices, ceux d'un gouvernement essentiellement démocratique, le réveil de l'esprit public et sa direction préférée vers les questions sociales, entraînent naturellement la question des offices dans l'orbite de celles pour lesquelles le jour de la discussion et de l'examen ne peut être éloigné.

Reprenons donc, sommairement, notre premier travail, et essayons de démontrer par une incontestable évidence :

1° Que la vénalité des offices peut être supprimée et l'indemnité des titulaires liquidée en quelques jours, avec une merveilleuse facilité d'exécution :

2° Que l'amortissement de l'indemnité ne coûtera pas un centime à l'Etat, ni aux contribuables ;

3° Enfin, que la suppression de la vénalité des offices sera, financièrement et moralement, profitable à la fois à l'Etat, aux titulaires et au public ; qu'elle est une mesure de sage prévoyance, juste et profonde, destinée à rencontrer une approbation unanime, lorsque l'exécution aura rendu palpable ce qu'elle a d'utile et d'élevé.

II

Les offices dépendent essentiellement de la souveraineté. Dans tous les temps et dans tous les pays, la gratuité de leur collation a été une règle de droit public ; mais cette règle salutaire, rétablie en France en 1789, après avoir été méconnue durant les trois derniers siècles de l'ancienne monarchie, a disparu de nouveau, en 1816, pour les offices ministériels.

Comment cette transformation nouvelle s'est-elle opérée ? Comment les offices ministériels, remboursés, finance et pratique, après 1789, sont-ils rentrés dans le domaine de la vénalité ? C'est ce qu'on expliquera plus loin ; mais d'abord, comment la collation gratuite des offices a-t-elle fait place à leur vénalité sous l'ancien régime?

Selon Loyseau (1) «on ne peut être aydé en cette matière n'y des exemples des anciennes républiques parce qu'en aucune d'icelles cette vénalité publique des offices n'a été admise, ni de l'authorité des anciens livres, qui n'en ont parlé que pour la rejeter et condamner, ni mesme des anciens arrests et préjugez des cours souveraines de France, parce que c'est de nouveau que cette vénalité s'y est establie». Quand Loyseau écrit ces lignes, il y a, en effet, un siècle à peine que le trafic des offices est exercé publiquement par le pouvoir royal. De Louis IX à François 1er, ce trafic réussit et succombe dans des alternatives plus ou moins heureuses, et parmi ses adversaires, il a surtout les Etats-Généraux. A la mort de Louis XII, des ordonnances existent, en grand nombre, qui prohibent la vente des offices, « par quoy ceux qui les acheptent ou autrement en baillent prouffit, en sont plus enclins et curieux d'eux faire payer excessivement et rigoureusement, pour recouvrer ce que lesdits offices leur ont cousté, ce qui est chose de très-mauvais exemple (2) ». Les

---

(1) *Des offices*, avant-propos, p. 1.
(2) Ordonn. 25 mai 1413, art. 202. *Anc. lois françaises*, t. VII, p. 353.

coutumes révisées sous le règne de ce prince, de 1505
à 1514, sont muettes sur ce qu'on appelait alors les
« estats et offices » car les « estats et offices » ne sont
pas dans le commerce, dans le domaine des choses
susceptibles d'une propriété privée et qui peuvent
être vendues. Mais les guerres d'Italie ont appauvri
les finances royales, et François Ier cherche le moyen
de remplir les coffres vides du trésor, sans fouler les
populations par des augmentations d'impôts. Il a sous
les yeux le trafic des bénéfices ecclésiastiques, pratiqué dans toute la chrétienté au mépris des lois et coutumes de l'Eglise, lois et coutumes qui exigent la
gratuité de la collation des bénéfices, et condamnent
comme impie, comme simoniaque tout négoce à
leur sujet. Les papes sont parvenus, malgré les
résistances, à s'emparer du droit de collation ; ils
en ont dépouillé les églises, les communautés, les
monastères, et ils le vendent au plus offrant. François Ier voit cette corruption, qu'une révolution fera
disparaître deux siècles plus tard, et remplacera par
l'ordre de choses qui, de nos jours, a fait du clergé
de France le plus instruit, le plus moral et le plus
justement honoré de la catholicité ; il voit ce trafic
funeste, et sans crainte de l'imiter, poussé par la détresse du trésor, aveuglé par la facilité et le profit du
moyen, il vend les offices comme d'autres vendent
les bénéfices ecclésiastiques et les indulgences ; il

les vend timidement d'abord, ouvertement ensuite.
et, en 1522, il ouvre un bureau, dit des parties ca-
suelles, « pour servir de boutique — c'est l'expression de Loyseau — à cette nouvelle marchandise. »

Une détresse financière, un scandaleux trafic des
bénéfices ecclésiastiques, telle est la cause, tel est
l'exemple qui donnent naissance à la vénalité des
emplois publics sous l'ancien régime.

Ce qui devait sortir d'une telle origine, d'une
telle pratique, se devine sans effort. L'exemple
donné par François Ier est suivi par ses successeurs.
Bientôt la vénalité des offices devient générale, s'applique aux charges de judicature comme aux autres.
même aux charges de municipalité. Toutes les fois
que les difficultés financières s'élargissent outre
mesure, cette dangereuse ressource apparaît avec
sa facilité corruptrice, et la royauté s'en saisit, non
toutefois sans regrets, mais regrets stériles ! attes-
tés dans les édits du temps.

C'est ainsi qu'avant la fin du seizième siècle, une
révolution s'est opérée dans le mode de collation et
de transmission des offices. La Coutume de Paris,
révisée en 1511, avait gardé le silence sur cette matière ; mais, révisée de nouveau en 1580, elle ré-
pute immeubles les offices vénaux, accorde sur eux
suite par hypothèque et en permet la saisie.

La propriété des offices vénaux, désormais recon

nue entre les mains des résignataires, est loin toutefois d'être complète, stable, nettement définie; et Loyseau, qu'il faut toujours consulter en matière d'offices anciens, y voit autant de difficultés que s'il s'agissait de faire « une coiffe à la Lune » (1). — « Je n'estime pas, dit-il (2), qu'il y ait rien en nostre usage plus contraire à la raison que le commerce et vénalité des offices...... Vouloir régler par raison le droict des offices, c'est chercher de la raison où il n'y en a point et establir un droict à ce qui est establi contre le droict ». Cependant, à la suite de ces réflexions, notre auteur essaye de reconnaître et de fixer les droits des résignataires. On peut, d'après lui, les résumer en ce point essentiel, que le pourvu, même dépossédé prématurément, n'a droit qu'à la restitution de la finance. Le traité, les conventions intervenues entre lui et son prédécesseur sont indifférents. Les offices appartiennent au roi; le roi les concède à prix d'argent; il les reprend en restituant ce qu'il a reçu, et l'officier n'a droit à rien de plus.

Telle est la règle, ou plutôt la tradition. On n'y changera rien durant deux siècles, si ce n'est la base de perception de l'impôt de mutation et du droit an-

---

(1) *Des offices*, avant-propos. p. 2.
(2) *Ibid.*, p. 1.

nuel, pour en augmenter le produit. En vain la royauté elle-même, regrettant la voie où elle est engagée, fera ces aveux dépouillés de tout artifice : « Nous avons reconnu que la vénalité des offices, introduite par les malheurs du temps, était un obstacle sérieux au choix, et éloignait souvent ceux qui étaient les plus dignes par leur savoir et leur mérite » : en vain, Montesquieu, ayant écrit que la vénalité des charges est bonne dans les états monarchiques, parce qu'elle fait faire comme un métier de famille ce qu'on ne voudrait pas entreprendre par vertu » (1), Voltaire lui répondra : « Est-ce Montesquieu qui a écrit ces lignes honteuses ? De quelles raisons l'ingénieux auteur soutient-il une thèse si indigne de lui ? Pourquoi la France est-elle la seule monarchie de l'univers qui soit souillée de cet opprobre de la vénalité passée en loi de l'État (2) ? » Les exigences financières sont là, permanentes, inflexibles; elles refoulent jusqu'à la pensée de revenir sur une pratique déplorable, et tous les efforts se borneront à porter quelque lumière dans l'obscure législation sur cette matière. Ce sera l'objet d'un édit rendu en février 1771, fixant les droits de l'État et des titu-

---

(1) *Esprit des lois*, liv. v, ch. IX.
(2) *Comment. sur l'esprit des lois*, t. XXVIII, p. 309, et *Dict. philosoph.*, t. XLI, p. 86.

laires, et auquel ses rapports avec l'abolition de la vénalité des offices, en 1789, ont conservé une certaine importance historique.

Après avoir réservé la nomination aux offices comme « un des attributs de la souveraineté », le préambule de l'édit, arrivant aux droits des titulaires, ne leur en reconnaît d'autre que celui de revendiquer la finance de l'office, c'est-à-dire la somme versée au trésor royal ; puis, cherchant le moyen de concilier la rigueur de ce principe avec les transactions privées intervenues entre les titulaires et leurs prédécesseurs, il poursuit en ces termes :

« De tous les moyens qui nous ont été proposés, nous n'en avons pas trouvé de plus équitable que celui de laisser aux propriétaires d'offices la liberté d'en fixer eux-mêmes la valeur, en ordonnant, en même temps, que l'estimation qu'ils en feront en formera désormais le prix ; en sorte que, en cas de suppression, ou dans le cas où nous en disposerions, vacation arrivant, ils ne pourront prétendre de nous, ni de ceux que nous aurions agréés, autre remboursement ni plus forte somme que celle à laquelle ladite fixation aura été faite. »

Les droits des titulaires sont désormais clairement définis. La finance des offices ne consistera plus dans la somme versée « aux revenus casuels » du trésor royal, mais dans l'estimation faite de l'office par le titulaire lui-même. Cette disposition de l'édit était en rapport, à la fois, avec l'esprit d'équité et l'augmentation du droit annuel perçu sur les offices au profit du Trésor.

III

Tel était, sur le fait des offices, l'état de la législation en 1789.

A cette époque mémorable de notre histoire, la vénalité des offices subit le sort des institutions en désaccord avec le nouveau droit social; elle disparut avec les bénéfices ecclésiastiques, les maîtrises, les jurandes et les corporations. La célèbre nuit du 4 août en fit justice, et l'Assemblée nationale, résumant dans la constitution de 1791 les grands principes proclamés deux années auparavant, put écrire avec vérité : « IL N'Y A PLUS NI VÉNALITÉ NI HÉRÉDITÉ D'AUCUN OFFICE PUBLIC. » — Des décrets réglèrent ensuite le mode et le taux d'indemnité des titulaires. Il faut les consulter, si l'on veut apprécier la sincérité et la valeur des déclamations passionnées dont cette grande mesure d'intérêt public a été l'objet sous un autre régime. On y retrouvera l'esprit de justice qui a caractérisé si éminemment les actes de la Constituante durant sa laborieuse carrière, et cet esprit de libéralité qui est toujours le meilleur guide du législateur, toutes les fois qu'il s'agit de concilier l'intérêt public avec l'intérêt privé.

Les offices ministériels sont remboursés, et si les titulaires conservent leurs fonctions avec les mêmes attributions et les mêmes profits qu'auparavant, ils ne peuvent plus les transmettre ni résigner en faveur. L'investiture est désormais gratuite. Le principe inscrit dans la Constitution de 1791 est affirmé dans la Constitution de l'an III, en ces termes énergiques : « *Les fonctions publiques ne peuvent devenir la propriété de ceux qui les exercent* ». Il est sauvegardé sous le Consulat et le premier Empire, et quand le Gouvernement supprime en grand nombre des offices d'avoués à Paris, des offices de notaires et d'huissiers dans les départements, il n'accorde aucune finance, aucune indemnité sur le Trésor. S'il ferme les yeux sur des traités sans importance pécuniaire ; s'il nomme ordinairement les successeurs qui lui sont présentés, il n'y a là qu'une tolérance plus ou moins abusive, sans compromission des droits de la souveraineté, ni des finances publiques.

La Restauration elle-même ne prête, d'abord, qu'une oreille distraite aux insinuations intéressées sur la nécessité d'ériger en titre d'office les diverses fonctions d'officiers ministériels. La question, sou-

levée devant la Chambre des députés, à propos d'une
pétition, reçoit dans cette assemblée une solution
conforme aux principes nouveaux, solution que le
Journal officiel fait connaître en ces termes : « Les
notaires de Gourdon (Lot) font offre au roi du cautionnement qu'ils ont payé, si la chambre est dis-
posée à faire quelque modification à la loi citée,
(Loi du 25 ventôse an XI sur l'organisation du Notariat), et si l'on rendait leurs offices héréditaires.
— Votre commission, — poursuit le rapporteur de
la pétition, — n'a pu se défendre de quelque surprise de voir une telle proposition, qui entre plus
dans l'intérêt particulier des pétitionnaires qu'elle
ne fait preuve de leur dévouement à l'État ; en conséquence, elle est d'avis que la Chambre passe à
l'ordre du jour ». — Cet avis est adopté (1).

Cependant, quelques mois plus tard, par une contradiction que les débats législatifs ont laissée inex-
pliquée, l'Assemblée qui avait caractérisé en termes
si énergiques la pensée de rétablir l'hérédité des offices moyennant finance, en accordait gratuitement,
à la fois la propriété et l'hérédité à leurs titulaires.
Ce fut, non le but, mais le résultat de l'article 91
d'une loi de finances du 28 avril 1816, article dont
voici les termes :

____

(1) *Moniteur*, 15 déc. 1815.

« Les avocats à la Cour de cassation, notaires,
avoués, greffiers, huissiers, agents de change, courtiers et commissaires-priseurs, pourront présenter
à l'agrément de Sa Majesté des successeurs, pourvu
qu'ils réunissent les qualités exigées par les lois.
Cette faculté n'aura pas lieu pour les titulaires des-
titués. Il sera statué, par une loi particulière, sur
l'exécution de cette disposition, et sur les moyens
d'en faire jouir les héritiers ou ayants cause desdits
officiers. Cette faculté de présenter des successeurs
ne déroge point, au surplus, au droit de Sa Majesté
de réduire le nombre desdits fonctionnaires, notamment celui des Notaires, dans les cas prévus par la
loi du 25 ventôse an xi sur le Notariat. »

C'est ainsi qu'au début de ce siècle, une révolution pareille à celle consacrée par la révision de la
Coutume de Paris, en 1580, s'est produite dans le
mode des transmission des offices ministériels. Le
Code civil, publié en 1804, est muet sur les offices.
parce qu'ils ne sont ni dans le commerce, ni susceptibles de conventions licites ; mais, à dater de la loi
de 1816, les offices ministériels, même ceux créés
ultérieurement et sans finance, constituent une propriété privée : la vente et l'héritage en sont permis.

On sait ce qu'il en est advenu : en moins de trente
années, trois ou quatre transmissions successives,
enchérissant de prix l'une sur l'autre. ont mis à nu

toute l'imprévoyance du législateur, et absorbé l'énorme prime sortie d'un article au sens obscur, mal défini, échappé par ce défaut même à l'attention générale. — Le but des auteurs de la loi de 1816 n'était pas, cependant, de rétablir la vénalité des offices. Le gouvernement n'eut pas songé, un seul instant, à présenter aux chambres législatives l'article 91, et les chambres l'eussent infailliblement rejeté, si les expressions « *vénalité des offices* » avaient figuré dans son texte avec leurs conséquences à l'horizon ; et cette opinion est justifiée, d'une manière irrécusable, par l'instruction ministérielle adressée aux parquets le 21 février 1817, sur l'exécution de cet article. « Il vous appartient, monsieur le Procureur du roi, porte cette pièce officielle, de prévenir dans votre ressort les abus qui pourraient résulter d'une fausse interprétation de la loi du 28 avril 1816. *Vous êtes sans doute bien convaincu qu'elle n'a pas fait revivre la vénalité des offices qui n'est pas en harmonie avec nos institutions* ».

Vaine illusion ! Moins d'une année s'est écoulée depuis la loi de 1816 et déjà il est trop tard. Le principe que les constitutions ont proclamé, reconnu, appliqué, est entamé ; la brèche est faite ; la vénalité des offices, honteuse d'elle-même, s'y est introduite sans se nommer, et a ressaisi, sans finance, sans indemnité, un privilége qu'elle transforme aussitôt en une propriété considérable au profit d'une classe de fonctionnaires.

L'unique moyen de sortir de ce système nouveau était désormais dans le rachat des offices ; mais au degré où s'arrêtait, il y a 40 ans, la science économique, ce moyen extrême était entravé par une indemnité à désespérer de toute tentative. A moins de songer à la rançon subie par la France à la suite des désastres de 1815 ; à moins de songer au milliard des émigrés, il serait difficile de trouver, dans notre histoire financière, une indemnité à comparer, par l'énormité de son chiffre, à celle de la suppression du droit concédé aux officiers ministériels par la loi de 1816. La rançon du moins délivrait le sol national de l'occupation étrangère, et l'indemnité, représentée dans les charges de l'État par 30 millions de rente 3 pour 100, était une œuvre éminemment sociale, qui allait effacer la distinction des propriétés en patrimoniales et nationales, éteindre les réclamations, confondre les dissensions intestines dans une pensée d'apaisement et de concorde, au grand avantage de la propriété elle-même, dont la valeur prenait aussitôt une ascension rapide. Mais la vénalité des offices, dérogation aux principes de 1789 et triste résultat d'une rare imprévoyance financière, ne devait pas seulement rester stérile et sans profit pour le Trésor ; elle devait être, pour l'État une source d'embarras, une barrière contre les réformes les plus justement et les plus vivement sollicitées ; pour les titulaires, une cause d'inévitables désastres privés dans l'avenir ; pour les contribuables, une perpétuelle et lourde carte à payer.

IV

Lourde en effet, car elle représente l'intérêt du capital employé à l'achat des offices ; elle n'est pas moindre de 40 millions par année, ou à peu près du quart de la contribution foncière en principal.

Lourde aussi pour les titulaires, car elle absorbe environ les deux cinquièmes du produit des offices vénaux.

Sans l'erreur financière de la loi de 1816, les tarifs en usage (1) se seraient d'eux-mêmes réduits d'au

---

(1) L'expression : *Tarifs en usage* est ici employée à dessein, par opposition à celle des *Tarifs légaux*, et nous devons à ce sujet une courte mais sincère explication :

Pour le notariat, le tarif légal n'embrasse qu'un nombre d'actes extrêmement restreint. Les honoraires, fixes ou proportionnels des autres actes, sont calculés d'après des usages fort anciens, variant pour chaque arrondissement, et parfois, à l'égard de certains actes, dans le rayon même d'un arrondissement. Ces usages anciens, qui constituent les tarifs des notaires, forment une collection de plus de 300 documents qui sont, à côté de notre législation unitaire, l'image vivante de la législation au temps des coutumes. Ils n'ont subi aucune modification. L'augmentation tant. Entrant dans la voie d'une juste proportionnalité, en ce qui concerne les actes des notaires, la réduction, appliquée aux droits de rôles de première expédition, aurait atténué, d'une manière sensible, l'impôt progressif à rebours des frais d'actes, qui pèse aujourd'hui sur la moyenne et la petite propriété.

\

Que de réformes se seraient accomplies en quelque sorte d'elles-mêmes, sans la barrière des intérêts de corporation représentés par la vénalité des

---

des produits du notariat a été simplement corrélative au développement des affaires et à l'accroissement de la fortune privée, notamment de la valeur des immeubles : elle n'a jamais eu pour cause ni une aggravation de tarifs, ni l'introduction de perceptions nouvelles ou particulières.

Les autres corporations d'officiers ministériels ont des tarifs légaux embrassant tous les actes de leur ministère; mais, à côté de ces tarifs, l'usage des honoraires *particuliers* s'est étendu à une foule d'affaires, qui, autrefois, en étaient exemptes, et a pris par degrés, dans toutes les affaires, des proportions beaucoup plus rémunératrices. Ceci explique comment, malgré l'invariabilité des tarifs légaux, depuis 1807, malgré même la diminution du nombre des affaires, les produits de certaines catégories d'offices ont, néanmoins, augmenté. Il est vrai que ces suppléments, résultat de l'insuffisance des tarifs légaux, ne sont pas obligatoires pour les justiciables; mais ceux-ci les payent cependant, et nous devions les mentionner ici, afin de ne rien omettre volontairement de ce qui peut être considéré comme une vérité utile dans la discussion des divers intérêts.

offices ! Ce qu'a coûté à la propriété foncière, à celle rurale surtout, cet état fâcheux de notre législation, est incalculable.

Veut-on réformer les circonscriptions judiciaires des Cours supérieures ; reviser le Code de procédure et certaines parties de nos lois civiles entachées d'un formalisme excessif; rentrer pour les offices dans les principes de 1789 ; décharger les contribuables des aggravations de tarifs que la vénalité met à leur charge ; uniformiser le tarif des actes des notaires ; ouvrir la carrière des offices au plus instruit, au plus digne, selon nos principes démocratiques, et non pas, comme aujourd'hui, au plus offrant et au plus téméraire ; enfin élever les conditions de stage, de capacité et d'examen des aspirants ? Si l'on veut toutes ces réformes utiles, que la législature actuelle, sollicitée en cela par les idées libérales de l'époque, semble appelée à réaliser, il faut commencer par celle des offices, car elle « se pose en première ligne, comparable, en cela, à ce qu'est, pour une ville assiégée, le poste avancé qui en défend les abords, et qu'il faut absolument forcer, si l'on veut pouvoir parvenir ensuite jusqu'à la place même » (1).

La vénalité des offices a, d'ailleurs, été condam-

---

(1) *Étude sur l'abolition de la vénalité des offices* (1868), p. 318, par M. Theureau ; chez Guillaumin, à Paris. Cet ouvrage offre

née par les gouvernements qui se sont succédé en France depuis son rétablissement, et par les Chambres législatives, la magistrature et les publicistes ; elle n'est d'ailleurs pratiquée qu'en France.

Ecoutons d'abord le Gouvernement de 1830 :

« De tous les sacrifices que les malheurs des temps ont forcé de faire en 1816, il n'en est pas de plus onéreux, de plus funeste que celui qui, pour un très-petit avantage pour le Trésor, a créé la vénalité des charges et amené les conséquences que tout le monde déplore, et le Gouvernement plus que qui que ce soit. » (1)

Ecoutons maintenant les députés, la magistrature et les publicistes :

« La vénalité des emplois publics n'est bonne à rien qu'à corrompre les institutions les plus pures ». (2)

« Depuis que j'ai l'honneur de siéger dans cette enceinte, il n'est pas un ministre qui ne m'ait dit que le rétablissement de la vénalité des offices par

---

des qualités remarquables, qu'on ne trouve que chez les laborieux et les érudits; mais il pèche par certaines vivacités de style et par une solution à laquelle manque, en majeure partie, le sens pratique.

(1) Discours de M. Lacave-Laplagne, ministre des finances, à la Chambre des députés. (*Moniteur*, 1ᵉʳ juillet 1837).

(2) Rapport de M. Frochot, à l'Assemblée nationale, au nom des comités de constitution et de judicature.

la loi de 1816 était une véritable plaie. — Cette loi a implicitement rétabli la vénalité des charges que notre première Révolution avait heureusement et justement abolie. Les conséquences fâcheuses qui résultent de cet ordre de choses, si contraire à l'esprit de nos lois actuelles, sont trop nombreuses et trop patentes pour qu'il soit besoin de les indiquer ici ; elles ont fixé l'attention de vos commissions de finances ; ces commissions ont reconnu la réalité du mal ; elles en ont sondé la profondeur, mais elles se sont arrêtées devant la difficulté de trouver un remède et devant la difficulté plus grande encore de l'appliquer. Quant à moi, je n'hésite pas à croire que pour sortir de ce système abusif, il n'y a qu'une issue honorable, le rachat par l'Etat, c'est-à-dire par la société et au profit de la société tout entière, des droits qu'elle a aliénés en faveur de quelques-uns de ses membres. » (1)

« Le système de la vénalité des offices produit des effets désastreux ; l'intérêt social réclame hautement son abolition ; il ne peut durer continuellement ; dans tous les cas, il faut bien se garder de faire insérer dans la loi aucune disposition qui y ait un

---

(1) Discours de M. Reynard, député de Marseille (*Moniteur*, 1ᵉʳ juillet 1837).

trait quelconque, et par laquelle on semblerait y donner, en quelque sorte, une approbation tacite ; en un mot, c'est un abus contre lequel on ne saurait trop protester (1).

« La vénalité des offices n'assure point aux consommateurs le meilleur service..... Elle est d'autant plus déplorable qu'elle empêche de proportionner le nombre des producteurs à l'étendue des services..... Il est aisé de dire à la tribune législative que rien ne gêne à cet égard la libre action du Gouvernement : il est plus difficile de le prouver dans le cabinet et par des faits..... Plus on avance, plus le mal s'aggrave. Le jour où le Gouvernement voudrait enfin recouvrer sa pleine liberté d'action, il n'aurait à opter qu'entre deux graves inconvénients : une sorte de spoliation révolutionnaire, ou bien un sacrifice énorme pour le trésor public ; et cela, pour avoir sanctionné la transformation d'une fonction personnelle en une propriété transmissible, et laissé revivre ainsi, en partie du moins et sous une certaine forme, une vieille coutume née des mi-

---

(1) *Documents relatifs au rég. hypoth.*, publiés par ordre du ministre de la justice (1844), t. III, p. 46, — opinion de la cour d'Angers. V. *ibid.*, p. 3, opinion conforme de la Cour Poitiers.

sères du trésor royal sous François Ier, et qui devait rester à jamais ensevelie avec les fiefs, les jurandes, les substitutions et le servage sous les ruines de l'ancien régime (1). »

« Dans les sociétés en apparence les plus logiques et les mieux coordonnées, il existe des institutions dont le philosophe cherche en vain la raison d'être et ne conçoit l'existence que parce qu'il les voit. Elles contrarient les principes sur lesquels ces sociétés sont fondées; on ne peut invoquer en leur faveur l'argument de la nécessité ou même de l'utilité sociale, cet éternel prétexte à toutes les tyrannies et à tous les abus; non-seulement leur existence fait leur légitimité, mais elle fait leur possibilité. S'il est une institution ou plutôt un fait social qui rentre dans la catégorie de ceux dont je viens de parler, c'est assurément la vénalité des offices. Elle s'est introduite subrepticement et si honteuse d'elle-même, qu'elle n'a pas osé se nommer dans l'article final d'une obscure loi de finances. Comment la vénalité des offices a-t-elle pu se faire une place,

____

(1) Rossi, *Cours d'économie politique*, 19e leçon. — Aujourd'hui l'alternative entre la spoliation et le sacrifice n'est plus à redouter. La suppression de la vénalité des offices peut et doit s'accomplir au bénéfice des contribuables, sans iniquité pour les titulaires et sans le moindre sacrifice pour le Trésor.

grande ou petite, au milieu de notre belle et forte organisation sociale, admirable dans son ensemble, dans l'esprit qui l'anime et dans ses résultats pratiques? Par quelle fatalité des fonctionnaires publics viagers, responsables, sont-ils devenus des propriétaires? Comment se fait-il qu'une fonction publique ait été transformée en une propriété transmissible par voie d'hérédité, aliénable comme un champ, un tableau, un cheval, et qu'elle soit aujourd'hui une valeur mobilière sujette à la hausse et à la baisse, un objet de trafic? » (1).

Tels sont les arguments employés, dans le sein des pouvoirs publics et par les économistes, contre la vénalité des offices. Compulsés au hasard, et réduits à un petit nombre, ils suffisent néanmoins, aidés de l'esprit libéral du jour, pour faire apprécier l'état de la question dans ses avantages et son opportunité (2).

Quels arguments opposent à leur tour les partisans de la vénalité ?

____

(1) M. Duclos, *Mémoire au Garde des sceaux sur la suppression de la vénalité des offices* (1859).

(2) La France est aujourd'hui le seul pays où la vénalité et l'hérédité des offices soient en pratique. L'Espagne, où l'abus de ce système était arrivé au point que les titulaires des offices vénaux « commettaient des faux pour vivre, non pour s'enrichir »,

Il faut bien constater qu'il y a, sous ce rapport, une grande indigence. On objecte que la propriété de l'office entre les mains du titulaire est une garantie pour la société; mais il n'y a là rien que de spécieux. En effet, ou le prix de l'office a été payé par le titulaire, et alors le patrimoine qui a servi au paiement aurait été pour la société une garantie plus claire et plus efficace qu'une propriété fragile et précaire; ou le prix de l'office reste dû soit au démissionnaire, soit à des bailleurs de fonds, et alors la vénalité devient un danger, si, à l'heure de l'échéance, le titulaire ne possède pas les capitaux nécessaires pour sa libération. Toutes les subtilités possibles ne peuvent échapper à la logique de ce double raisonnement.

Et si l'on jette un regard en arrière, on verra combien la prétendue garantie fondée sur la propriété de l'office est devenue illusoire dans les si-

---

s'en est affranchie à la suite de la révolution de 1868. — En Angleterre, débattre le prix d'un emploi, le vendre, ou avoir part à la négociation de la vente est une contravention à la loi, passible d'amende et de prison. Ouvrir ou tenir un bureau pour la vente d'emplois est un délit. Il y a exception pour la vente des commissions dans l'armée, dont le prix est fixé par les règlements, et recevoir ou payer une somme plus forte est un délit (*Droit anglais*, par M. A. Laya, t. 2, p. 240); mais dans la séance du Parlement, du 6 mars 1860, une adresse a été proposée pour l'abolition de l'achat de ces commissions et pour y substituer la promotion par l'élection.

nistres qui ont parfois affligé les corporations d'officiers ministériels. C'est au contraire dans la vénalité qu'on trouvera toujours en germe, après examen attentif et sérieux, l'influence qui aura conduit
le titulaire à l'oubli de ses devoirs et à la ruine.

Quoi ! au titulaire payant l'office sur sa propre
fortune, pour en trafiquer ensuite avec perte ou bénéfice, selon la valeur marchande du temps, on ne
devrait pas préférer le titulaire conservant un patrimoine dont les garanties sont indépendantes de l'office et faciles dans leur réalisation ? Quoi ! au titulaire débiteur du prix de l'office, on ne préférerait pas
le titulaire recevant l'office directement de l'État et
libre de tout engagement pécuniaire ?

Est-ce que les titulaires auraient à redouter pour
leur propre compte la situation troublée du débiteur qui ne peut s'acquitter au jour de l'échéance, les
embarras des crises financières et leurs périls, si la
vénalité des offices n'existait pas ?

Poser de telles questions, c'est à coup sûr les résoudre, c'est présenter la vérité sous sa lumière
saisissante (1).

On a essayé d'une autre objection, basée sur la

---

(1) *Du remb. des off. et de la supp. de leur vénalité*, 1860.
p. 147.

garantie que peut offrir au public la continuation d'un office par le fils du résignataire, et sur les combinaisons que les familles peuvent y trouver pour leurs intérêts; mais, outre que la suppression de la vénalité n'est en cela d'aucun obstacle, la reprise, par le fils, des fonctions du père dans le système actuel des offices où toute combinaison de cette nature n'a d'autres limites que la volonté du titulaire, est exceptionnelle; car elle suppose un exercice de plus de 25 années, et ils sont très-rares, les titulaires d'offices qui n'ont pas résigné avant d'avoir accompli une période d'exercice aussi prolongée (1).

Mais il faut sortir des généralités et aborder enfin la question par le côté pratique, celui du droit des titulaires, de la nature et du montant de l'indemnité, et de l'amortissement.

---

(1) Voici la moyenne annuelle des transmissions d'offices pour une période de 10 ans (1858-1867), selon le *Compte général de l'administration de la justice civile* :

NOMBRE MOYEN ANNUEL.

	des titulaires.	des transmissions.		des titulaires.	des transmissions.
Avocats de Cass.	60 —	4	Greffier de Cass.	1 —	1
Notaires	9723 —	538	Greffiers d'appel	28 —	1
Avoués d'appel	370 —	15	Greffiers d'inst.	368 —	20
Avoués d'instance	2869 —	113	Greffiers de comm.	217 —	11
Huissiers	6735 —	306	Greffiers de paix	2922 —	177
Comm^{res} priseurs	402 —	27	Greffiers de police	112 —	7

VI

Quel est le droit des titulaires ? Les titulaires sont-ils réellement propriétaires de leurs offices ?

On pourrait discuter longuement sur cette question, sans en retirer aucun avantage. En fait, les titulaires ayant acheté leurs offices sous le contrôle et l'investiture du Pouvoir, peu importe qu'ils en soient ou non propriétaires. La solution dernière de la question sera toujours, au moins, celle-ci : les titulaires ont acheté le droit, concédé par une loi de l'État, de présenter des successeurs; on ne peut les en priver sans indemnité. A nos yeux, les titulaires ont un véritable droit de propriété. Mais, il faut bien le reconnaître, ce droit est loin d'être complet : il est, au contraire, subordonné à des règles qu'il appartient au Gouvernement de modifier ou de changer; il est « limité et révocable; » en un mot il ne constitue pas une propriété absolue, mais une propriété à part, se résumant dans la faculté de présenter un successeur et de relever la finance de l'office; propriété soumise pour son exercice au contrôle et à l'investiture du Gouvernement, étroitement liée à des règles inaliénables d'ordre public et à la puissance publique elle-même; conditions dont il est juste de tenir compte dans toute appréciation, relative à la valeur d'une propriété de cette nature spéciale.

Recherchons maintenant, par approximation, l'importance de la finance des offices. En cela, il ne sera question ici que des offices judiciaires, c'est-à-dire de ceux qui aboutissent hiérarchiquement au ministère de la justice. On laissera à l'écart ceux des agents de change et courtiers d'assurances, qui sont dans les attributions du ministère des finances, et auxquels, du reste, la suppression de la vénalité peut être appliquée dans les conditions et les règles propres aux autres offices.

Assurément, il existe à la chancellerie des documents statistiques relevant, par division de classe et par nature, l'importance totale du prix des offices d'après les transmissions, et l'importance de leurs produits moyens annuels. Il est à regretter que ces documents, d'un intérêt capital pour l'examen d'une question importante comme celle de la vénalité des offices, restent enfouis dans le secret des cartons, au lieu d'être livrés aux avantages de la publicité et des études préalables. Rien cependant, à leur égard, ne motive le silence ni le mystère; et leur production au grand jour ferait cesser sur ce point spécial de la question les incertitudes nées d'évaluations plus ou moins exagérées. Il appartient au ministre éminent et libéral qui dirige le département de la justice de combler cette lacune, en fournissant au débat des bases financières désormais hors de controverse.

Remarquons, du reste, qu'il s'agit plutôt ici de l'exactitude des chiffres que de leur importance ; car, on verra bientôt que, pour le remboursement des offices comme pour l'amortissement de leur dette, l'importance du capital engagé est absolument indifférente.

Voici, par nature d'offices vénaux, le nombre des titulaires et le prix *évalué :*

INDICATION DES OFFICES.	NOMBRE de titulaires (1).	PRIX ÉVALUÉS.
Avocats à la cour de cassation	60	4,000,000
Notaires	9.704	470.000,000
Avoués d'appel.	347	8,000,000
Avoués de 1re instance..	2,742	75,000,000
Greffier de la Cour de cassation.	1	200,000
Greffiers d'appel..	28	800,000
Greffiers de 1re instance	370	40,000,000
Greffiers de commerce..	217	4,000,000
Greffiers de justice de paix..	2,943	28,000,000
Greffiers de simple police.	414	1,000,000
Huissiers..	6,403	90,000,000
Commissaires-priseurs.	373	40,000,000
	23,302	701,000,000

(1) Relevé sur le *Compte général de l'administration de la justice civile,* pour 1867.

Si l'on ajoute à la somme de ce tableau celle de

120 millions pour les offices des agents de change de Paris, et 86 millions pour ceux des départements, y compris les courtiers supprimés, on arrive au chiffre de 906 millions, en rapport, à 3 millions près, avec l'importance de la finance des offices vénaux d'après notre premier travail (1).

On trouverait, en augmentation, une différence sensible par l'opération suivante :

Le relevé (2) moyen des droits d'enregistrement acquittés sur les transmissions d'offices, durant une période de 10 ans (1858-1867), est, en principal, de 1,281,811 fr. — Le taux du droit étant de 2 p. 100, la moyenne des valeurs sur lesquelles il a été perçu, durant la période indiquée, serait de 64 millions, qui, multipliés par 19 années, terme moyen dans lequel s'accomplit la transmission d'un nombre d'offices égal au nombre total (3), donne pour résultat 1215 millions.

Mais il est à remarquer que ce résultat est susceptible d'être modifié, d'abord par le changement du taux du droit dans les transmissions à titre gratuit, ensuite par les diminutions de prix que la chancel-

---

(1) Cité *sup.* p. 336 à la note.
(2) Fait par l'auteur sur les *Comptes définitifs des produits de l'enregistrement du timbre et des domaines.*
(3) V. les chiffres, *sup.*, p. 361, à la note.

leric impose sur certain nombre de transmissions.
Il n'offre donc, comme l'évaluation faite dans le tableau précédent, qu'une base incertaine, mais bien
proche, dans l'un et l'autre cas, de l'exactitude des
faits.

Le principe que le droit de transmission des offices est subordonné à des règles d'ordre public une
fois établi, il reste à en développer l'application dans
ses conséquences, et particulièrement à propos du
moyen qui, en matière de remboursement, concilie
le mieux, en exacte équité, les nécessités de l'intérêt
général avec l'intérêt privé des titulaires. Dans notre
premier travail, la rente 3 p. 100, au cours du jour
de l'opération de remboursement, avait été proposée
comme moyen; mais, à l'inconvénient de surcharger
le Grand-Livre, ce mode en ajoute un autre : c'est de
laisser planer l'incertitude sur la durée de l'amortissement par la fluctuation des cours de rachat de
la rente. L'obligation trentenaire, de 500 fr., 4
p. 100, au porteur, remboursable par voie de tirage
au sort, et par nombre en rapport avec les ressources destinées à l'amortissement, est éminemment
préférable.

Mais, d'abord, quel sera le taux de l'indemnité?

Ici, deux bases différentes se présentent au choix
du Gouvernement :

En premier lieu, le prix d'acquisition ou d'éva-

luation déterminé par le traité de transmission de
l'office;

En deuxième lieu, l'estimation spéciale de l'office,
en rapport avec la moyenne des produits obtenus
durant un certain nombre d'années.

De ces deux modes, la raison et l'équité, la
facilité et la simultanéité dans l'exécution, concourent ensemble à faire admettre le premier et à
condamner le second.

Dans la première proposition, chaque titulaire
déposerait une copie régulière du traité portant
transmission de son office, et, en échange, il lui
serait délivré un nombre d'obligations trentenaires
d'un capital égal au prix de la transmission. —
Rien de plus simple et de plus facile à réaliser
qu'un tel mode.

La seconde proposition, au contraire, entraînerait à un travail immense et sans fruit, soulèverait
des réclamations dont le fondement serait d'une
appréciation difficile, et des difficultés inextricables
qui paralyseraient la mesure dans l'exécution
prompte et simultanée qui lui est nécessaire.

Le prix ou l'évaluation tiré du traité même de
transmission de l'office, telle est la seule base véritablement rationnelle et juste, la seule efficace pour
rallier les intérêts divers et le sentiment public.
Telle a été aussi la règle à la fin de l'ancienne mo-

narchie, dont les édits avaient formellement reconnu la vénalité et l'hérédité des offices. L'évaluation exigée par l'édit de 1771 (1) existe aujourd'hui, non pas arbitraire comme autrefois, mais exacte, mais réelle ; elle existe dans le traité intervenu entre le titulaire en exercice et son prédécesseur, traité vérifié et approuvé par la chancellerie. Toute autre base, on ne saurait trop le répéter, n'offrirait ni la même justice pour tous, ni la même sécurité pour les titulaires.

En effet, les titulaires qui prétendraient à une indemnité supérieure au prix de leur propre traité seraient-ils certains de l'obtenir ? En cette matière, le véritable principe, dont la base est dans le prix de la transmission existante, une fois écarté par les titulaires, où serait le point d'appui de leur prétention ? Ne seraient-ils pas exposés à jouer le rôle du chien de la fable, qui pour l'ombre lâcha la proie ? En sortant du principe, on entrerait immédiatement dans l'arbitraire, dont le premier inconvénient serait de supprimer toute garantie. Sur quelles bases opérerait-on désormais ? Par quels moyens de vérification parviendrait-on à déterminer la somme exacte du produit ? Quelle serait la proportion entre le produit et le capital ? S'imagine-

____

(1) V. *sup.*, p. 344.

t-on l'immense et fastidieux travail que nécessite-
raient la compulsion des registres de comptabilité
et l'examen d'innombrables réclamations mises en
jeu par l'intérêt privé? A cette tàche ingrate, sans
issue, grosse d'erreurs, point de mire de l'artifice
et compliquée par l'absence d'une comptabilité
claire, régulière, dans le plus grand nombre des
études ; à cette tâche, si nous ajoutons le grave inconvénient des lenteurs dans une mesure dont la
promptitude d'exécution est l'une des conditions
essentielles, il deviendra évident que le système
d'une évaluation spéciale serait le précurseur d'inévitables complications.

Au point où ce travail est parvenu, les offices
sont remboursés et leur vénalité est abolie.

Les titulaires conservent leurs fonctions avec les
mêmes attributions qu'auparavant, car il ne s'agit
point d'une réorgarnisation nouvelle des offices (1).
L'organisation actuelle, justement et heureusement

---

(1) Une seule modification dans les lois sur l'organisation des
offices ministériels serait naturellement indiquée, à savoir : l'obligation pour l'ancien titulaire de remettre les minutes, répertoires,
dossiers et documents des affaires en cours, sur décharge, au successeur institué.

combinée à son origine, n'a été le sujet ni de plaintes, ni de réclamations. Il ne s'agit pas davantage d'une transformation des officiers ministériels en fonctionnaires de l'Etat, versant les produits au Trésor et rémunérés par lui, immense utopie qui ferait bientôt regretter la vénalité, malgré son cortége d'abus, et que repousserait un public prévoyant; il s'agit de la suppression de la vénalité des offices, et, avec elle, des obstacles dont elle est la source en matière de réformes sollicitées dans les diverses branches de la législation.

Quant à l'État, chargé de la dette des offices sans avoir retiré de leur aliénation successive autre chose que le droit d'enregistrement perçu sur les traités, son rôle obligatoire doit rester purement fictif, et son rôle actif doit se borner à centraliser, pour l'amortissement, des ressources auxquelles le Trésor ne contribue point, et à les distribuer aux obligataires jusqu'à libération complète.

VII

Trois sources différentes de produits se présentent pour l'amortissement des obligations trentenaires affectées au remboursement des offices; ce sont :

1° Le versement annuel, par les titulaires des offices et leurs successeurs, d'une somme égale à l'intérêt, au taux de 5 p. 100, du capital des obligations trentenaires ;

2° Le versement, par chaque titulaire nouveau, d'une somme égale au droit d'enregistrement dont il eût été tenu au cas de traité sous le système actuel, en prenant pour base une valeur déterminée par sept fois le produit brut moyen de l'office, durant les cinq dernières années ;

3° Enfin le versement, aussi par chaque titulaire nouveau, à titre de subvention spéciale, d'une somme représentant le dixième de la même année moyenne de produit brut (1).

---

(1) **A** ces ressources s'ajouterait le prix des minutes et répertoires de tout office de notaire ultérieurement supprimé. Ce prix, déterminé par la Chambre des notaires, sans excéder le 10ᵉ du produit brut annuel et moyen des cinq dernières années de l'office supprimé, serait versé par le titulaire auquel les minutes auraient été attribuées, par tirage au sort effectué devant la Chambre, entre les notaires de la résidence de l'office supprimé et les autres notaires du canton.

Ne serait-il pas rationnel et juste que le Trésor, ayant perçu environ 45 millions sur les transmissions d'offices, par enregistrement des ordonnances de nomination, de 1832 à 1841, et des traités de transmission, de cette dernière époque à nos jours, contribuât pour une quote-part (nous proposerions un million par année) à l'amortissement des offices, et en accélérât ainsi le terme final?.....

On a déjà compris que l'intérêt du capital remboursé étant de 5 pour 100, et l'intérêt des obligations trentenaires de 4 pour 100, il restait, de ce chef, 1 p. 100 pour l'amortissement. Or, régulièrement opéré par année, dans cette proportion, l'amortissement serait complet à l'expiration de 36 ans et 261 jours (1) ; mais ce délai se trouverait sensiblement abaissé par les autres ressources énumérées ci-dessus et destinées au même emploi. Vingt-quatre années suffiraient, selon les conditions de probabilité les plus exactes, à marquer le terme extrême de l'amortissement.

Et l'on a dit qu'à l'origine de l'empire, l'Empereur, désirant réaliser la suppression de la vénalité des offices, en avait été détourné par l'un de ses conseillers ! Si, à cette époque, cependant, l'opération s'était accomplie au moyen de la rente 3 p. 100 dont le cours, au comptant, fermait le 16 novembre 1852 à 85 fr. 50 c., il ne serait plus question, depuis plusieurs années, ni de la vénalité des offices, ni de son amortissement. La voie serait libre aujour-

---

(1) On trouve ces calculs tout faits dans un patient et consciencieux travail ayant pour titre : *Nouvelles tables pour les calculs d'intérêts simples et composés d'amortissement*, par M. Violeine, chef de bureau au ministère des finances (1854).

d'hui pour des réformes vainement sollicitées, et toujours ajournées à cause de la difficulté de les concilier avec les intérêts de corporation (1).

Le service de l'intérêt du capital remboursé se ferait par ressort de chambre de discipline pour les avocats à la Cour de cassation, notaires, avoués, huissiers et commissaires-priseurs (2).

A l'égard des greffiers et des officiers ministériels non placés sous la juridiction d'une chambre de discipline, l'intérêt à verser au Trésor public serait de 5 p. 100 du capital de l'indemnité de chacun.

La part contributoire de chaque titulaire dans la somme d'intérêt à verser au Trésor par la réunion des titulaires du ressort de la chambre de discipline se-

---

(1) On a souvent argué, à propos de ces réformes, des intérêts du fisc, sans en déterminer le chiffre au moins approximatif. Or, le tableau des produits des droits d'enregistrement, p. 257, démontre, par ses détails, que les intérêts engagés pour le fisc, dans la réforme de la procédure, par exemple, sont loin d'avoir l'importance qu'on leur attribue. Nous inclinons, au contraire, pour notre compte, à penser que par l'élévation du prix des ventes judiciaires renvoyées aux notaires, le fisc trouverait, et au delà, une large compensation à la perte de quelques droits fixes ou de greffe, sans importance pour ses recettes.

(2) Le ressort des chambres de discipline est le même que celui des tribunaux de première instance.

rait déterminée, non d'après la somme d'obligations trentenaires délivrées au titulaire à titre d'indemnité, mais à proportion du produit de l'office durant le cours de l'année précédente. Outre son évidente équité, ce mode de contribution est nécessaire non-seulement au point de vue de la suppression d'offices reconnus inutiles, ou de la création d'offices réclamés par les besoins et les intérêts légitimes, mais encore pour conjurer la difficulté d'exécution qui, dans le système opposé, surgirait inévitablement au cas où les produits d'un office deviendraient insuffisants pour faire face à un intérêt fixe et invariable.

Les titulaires du ressort de la chambre de discipline seraient solidaires envers l'État pour le paiement de l'intérêt. Le versement en serait fait chaque semestre, et de sorte que le Trésor soit toujours nanti par avance de l'intérêt qu'il aurait à servir aux obligataires, et de la différence destinée à l'amortissement.

C'est ici le lieu de faire remarquer que la création ou la suppression de certains offices n'apporterait aucune variation dans le chiffre de la somme à verser au Trésor public. Le versement, en effet, n'a aucune affinité avec tel ou tel nombre d'officiers ministériels ; il est basé, dans chaque ressort de chambre de discipline, sur l'importance du capital employé à l'achat des offices et restitué par les obligations trentenaires. Or, que le nombre des offices soit augmenté ou réduit, il n'y a là aucune raison pour changer la base de l'intérêt ; en cas d'augmentation, les titulaires anciens, dont les produits subiraient une dépréciation, en trouveraient la compensation dans la réduction de leur part contributoire ; en cas de suppression, les offices conservés, soumis au même versement qui, auparavant, était supporté par tous, trouveraient leur compensation dans l'addition à leurs bénéfices du produit des offices supprimés.

La suppression de la vénalité des offices sou ève naturellement la question des droits des anciens titulaires ou de leurs ayants cause, qui n'auraient pas été payés intégralement du prix de la transmission. D'après la loi, expliquée par la jurisprudence, les anciens titulaires ont un privilége sur le prix de la revente immédiate de l'office. L'équité exige qu'il soit inauguré, en leur faveur, certaines dispositions destinées à remplacer utilement ce privilége, que la suppression de la vénalité viendrait anéantir. Or, on satisferait pleinement à cette nécessité en transportant sur l'indemnité les droits que le précédent possesseur aurait pu prétendre sur le prix d'une revente pure et simple, sauf à prévenir, par des prescriptions réglementaires, les entraves et les lenteurs que l'absence de pièces régulières ou la négligence des anciens titulaires pourrait faire surgir.

VIII

C'est ainsi que par une combinaison financière juste pour tous, simple dans son mécanisme, la suppression de la vénalité des offices peut se réaliser avec une merveilleuse facilité d'exécution, et sans qu'il en coûte un seul centime à l'État ni aux contribuables.

Il n'en coûtera rien à l'État, car l'amortissement de l'indemnité s'opère par l'excédant de l'intérêt que le Trésor reçoit sur l'intérêt qu'il paie.

Il n'en coûtera rien aux contribuables, car les services des officiers ministériels ne seront pas augmentés dans leur rémunération, et les finances de l'État se trouvant exonérées de la dette des offices, la suppression de la vénalité ne peut devenir le prétexte d'aucun impôt nouveau.

Quant aux titulaires, ils conserveraient leurs fonctions, sans avoir à redouter, désormais, la ruine qu'une mort prématurée tient suspendue sur la famille de l'officier ministériel. — Ils seraient exemptés des embarras, des soucis et des chances aléatoires d'un traité ultérieur. — Ils disposeraient librement de leur capital, immobilisé aujourd'hui dans les offices, immobilisé plus tard par la nécessité d'accorder de longs délais à leurs successeurs, et par la difficulté d'une négociation toujours difficilement acceptée, même lorsqu'elle est accompagnée des meilleures garanties (1).

Devenue accessible à tous par le travail, la moralité et la capacité, indépendamment de la fortune, la carrière des offices ministériels attirerait vers elle un grand nombre de jeunes gens instruits, qui, sous le titre de clercs-candidats, deviendraient pour les titulaires des auxiliaires zélés et intelligents dans leurs difficiles fonctions.

La concurrence exagérée, les infractions à la loi sur la résidence, le tarif mercantile des actes au rabais disparaîtraient d'eux-mêmes avec la vénalité des offices, dont ils sont l'un des effets.

La mesure du rachat des offices serait le retour utile, nécessaire, régénérateur aux grands principes de la Constituante organisés par le Consulat et le premier Empire.

---

(1) Preuve : « On demande à transporter 130,000 fr. formant *le solde* du prix d'une étude de notaire. On céderait le privilége sur l'office et première hypothèque sur biens ruraux. *On ferait un sacrifice.* » (Journal le *Siècle*, 28 avril 1839.)

Outre l'expectative d'un dégrèvement considérable, le public trouverait dans l'ouverture de la carrière des offices ministériels au plus instruit, au plus digne, et non pas seulement au plus riche, un de ces bienfaits qu'il aime à applaudir et qui attirent à un gouvernement la reconnaissance du pays.

En un mot, dans cette vaste question de la suppression de la vénalité des offices, si complexe si on l'envisage de loin et en ennemi, si facile dans l'exécution, si satisfaisante pour les intérêts les plus divergents, les plus insolubles au premier aspect, quand on s'en approche sans prévention et avec la pensée d'un loyal examen, il ne serait exigé d'aucun côté le moindre sacrifice, et tous les droits seraient respectés dans l'étroite limite de la plus scrupuleuse justice.

IX

Mais, la vénalité des offices supprimée, quelles seraient, à l'avenir, les conditions d'admission aux offices ministériels? Le stage antérieurement acquis, d'après les lois actuelles, réservé, nous répondons que des examens à chaque promotion dans la cléricature, des concours comme en Belgique, comme à Genève et dans les autres pays où la vénalité des offices est inconnue, devraient être exigés tout d'abord, comme garantie pour le travail sérieux,

le mérite réel, contre la faveur ou la médiocrité.
Cette première garantie admise, la question ne serait plus que secondaire, et sa solution se présente-
rait d'elle-même, sous l'examen de combinaisons
propres à concilier la simple institution avec la nomination directe par le pouvoir exécutif.

X

La suppression de la vénalité des offices facilite-
rait l'établissement d'un tarif des actes notariés, uniforme pour toute la France.

Le ministère de la justice réunirait les éléments
nécessaires pour établir dans chaque arrondissement
la moyenne du produit des offices des notaires, sé-
parément pour chaque espèce d'acte, durant la première période de cinq années qui suivrait le remboursement.

Un tarif uniforme serait ensuite rédigé. — Par
cette expression il faut se garder d'entendre l'uni-
formité qui ferait passer sous le niveau d'un même
chiffre les actes les plus dissemblables, abstraction
faite de leur objet, mais celle qui soumettrait à une
commune rémunération, soit fixe, soit proportionnelle, selon leur nature, les actes passés sur un point
quelconque de l'Empire.

Les arrondissements dont les produits seraient

menacés d'une dépréciation par l'application de ce tarif, en seraient dédommagés par une diminution proportionnelle de l'intérêt à verser au Trésor.

Au contraire, les arrondissements que le nouveau tarif favoriserait, verraient ajouter à l'intérêt qu'ils serviraient au Trésor une somme proportionnelle à l'augmentation de leurs produits.

Enfin, dans cette combinaison, la suppression d'offices inutiles, devenus vacants par le décès ou la démission des titulaires, pourrait entrer comme élément d'appréciation.

Il est un argument invoqué par les adversaires du tarif uniforme et dont le succès nous a toujours surpris : « Chaque transaction faite par le notaire, disent-ils, a une physionomie, une importance, un développement qui lui sont propres ; elle se résume le plus souvent en un seul acte, précédé de travaux préparatoires et variables qui ne peuvent être réglés d'une manière uniforme et légale par un tarif, puisqu'ils ne peuvent être prévus, puisqu'ils n'ont eu d'autre cause que les circonstances du fait, et de la volonté des parties. » Toutes ces raisons ne sont rien moins que spécieuses, et pour notre compte nous leur préférons l'exposé véridique de la pratique. Que se passe-t-il donc en matière de fixation d'honoraires d'actes notariés? S'il s'agit d'un acte simple, ne portant ni transmission, ni obligation.

ni libération, la rétribution est *fixe*; s'il s'agit d'un acte d'une autre nature, la rémunération est *proportionnelle* au chiffre des valeurs; mais dans l'un ou l'autre cas, jamais les démarches, les conférences, les travaux préparatoires ne sont supputés comme éléments d'appréciation. — Une procuration longue et compliquée se tarife au même chiffre qu'une procuration en quelques lignes, dont le modèle a été remis au notaire; et quant aux actes à rétribution proportionnelle, toutes les difficultés qui peuvent s'y rattacher, soit comme rédaction, soit autrement, sont absolument indifférentes pour la taxe des honoraires; par exemple, telle liquidation qui a donné lieu à des conférences nombreuses, à un long travail de rédaction, sera taxée moitié moins, si les valeurs liquidées s'élèvent à 10,000 francs, que la liquidation la plus simple dans ses éléments préparatoires et sa confection, mais dont les valeurs s'élèvent au double.

Il faut donc, comme le disaient un jour les notaires d'Alençon, dans une réplique à leurs collègues de Versailles, « se garder de faire du roman avec les actes possibles, » et conclure que la vénalité des offices anéantie, un tarif des actes notariés, uniforme et sans aucune exception, serait possible; qu'il serait simple et facile dans sa confection; qu'il est désirable pour les justiciables et pour la considération du notariat.

Arrivé au terme de la route que nous avions à parcourir, nous sera-t-il permis d'y jeter un regard rétrospectif en faveur des réformes préconisées dans les derniers chapitres de ce livre? De ces réformes, les unes simplement financières, les autres à la fois financières et d'ordre législatif ou politique, il n'en est aucune qui ne soit en harmonie avec la proportionnalité des charges publiques, avec l'intérêt général du pays, et les principes d'une rigoureuse justice. Contre les premières, les nécessités temporaires du budget, cette éternelle objection à tant de réformes utiles, disparaissent devant les moyens de compensation indiqués au nom d'une justice distributive incontestable. Contre les autres, la routine, leur seul obstacle, affaiblie par la raison et l'expérience, caractérisée dans ses déplorables effets par un personnage auguste, doit rester désormais impuissante : « La routine, a dit l'impérial écrivain (1), amoureuse des vieilles pratiques, conserve pendant des siècles les usages les plus stupides..... Non seulement elle conserve scrupuleusement comme un dépôt sacré les vieilles erreurs, mais elle s'oppose encore de toutes ses forces aux améliorations les plus légitimes et les plus évidentes.....

____

(1) Napoléon III, *OEuvres complètes*, 1856, t. IV, p. 16 et suiv.

Sous beaucoup de rapports, la France a donné les exemples les plus remarquables de cette antipathie du progrès. » Un tel jugement, porté par un souverain dont le sens politique, élevé et libéral, est si complétement en harmonie avec le sentiment national, doit être, pour les amis des réformes, un encouragement et une espérance. Cette espérance ne nous a pas manqué dans l'accomplissement de l'œuvre que nous publions aujourd'hui, et dont nous pouvons dire, empruntant les expressions d'un auteur à l'esprit éminemment français, au suprême bon sens — on n'emprunte qu'aux riches, et nous avons nommé Montaigne — : « *Cecy est un livre escript de bonne foy.* »

TABLE DES MATIÈRES.

Paris. — Imprimerie de Cosse et J. Dumaine. rue Christine, 2.